케이브
오브
본즈

CAVE OF BONES by Lee Berger
Copyright ⓒ2023 by Lee Berger
All rights reserved.
Originally published in the United States and Canada by National Geographic Partners, LLC as Cave of Bones.
This Korean edition was published by Haksan Publishing Co., Ltd. in 2025 by arrangement with National Geographic Partners, LLC c/o Kaplan/DeFiore Rights Inc. through KCC(Korea Copyright Center Inc.), Seoul.

이 책은 (주)한국저작권센터(KCC)를 통한 저작권자와의 독점계약으로 (주)학산문화사에서 출간되었습니다.
저작권법에 의해 한국 내에서 보호를 받는 저작물이므로 무단전재와 복제를 금합니다.

케이브 오브 본즈

CAVE OF BONES

호모 날레디,
인류 진화사를 뒤흔든 신인류의 발견과
다시 읽는 인류의 기원

리 버거, 존 호크스 지음 | 김정아 옮김

알레

전 세계의 탐사가와 그들의 탐사 정신에 이 책을 바친다.

탐사를 멈추지 말기를!

추천의 말

인간다움이란 무엇인가? 인류학은 인간답게 큰 두뇌를 가지고 큰 두뇌만으로 가능한 일을 함으로써 인간이 인간다워진다고 생각해왔다. 그런데 호모 사피엔스 두뇌의 3분의 1 남짓한 작은 두뇌를 가진 호모 날레디가 수십만 년 전에 이미 죽음을 사유하고, 남아프리카의 동굴 속 깊은 곳에서 죽은 자를 애도하며 매장했고, 불을 피우고, 동굴 벽 곳곳에 기하학적인 문양을 새긴 흔적을 남겼다면, 인간만이 가능했다고 생각되어 온 많은 일이 다른 종에게서도 발견된다면, 이는 인류학계에서 지금까지 이해한 인간다움에 관한 생각을 완전히 뒤흔들 엄청난 발견이다.

《케이브 오브 본즈》는 인류학계에서 현재 활발히 논의되고 있는 호모 날레디에 관한 따끈따끈한 내용을 다룬 책인 동시에 인류학자 리 버거가 자신의 열정을 기록한 책이기도 하다. 호모 날레디 화석을 발견하고 몇 년이 지나도록 동굴 입구에서 지휘만 하다가 동굴 안으로 직접 들어가기 위해 몇 달 동안 몸을 만들어 개미굴처럼 얽히고설킨 동굴 속을 직접 확인하고 나오는 과정을 생생하게 그려냈다. 한 페이지 한 페이지 읽어나가며 나 자신도 인류학 연구 현장인 동굴에 겨우겨우 들어갔다가 끼인 채 나오지 못해 죽을지도 모른다는 스릴감, 긴 고생 끝에 마주한 스펙터클한 발견이 눈앞에 펼쳐질 때의 흥분을 함께 느낄 수 있다.

우리는 과학자들이 열정과 집념으로 자신의 학설과 연구에 몰두하여

성공한 결과를 그린 위인전에 익숙하다. 하지만 어떤 위험도 감수하고 죽음까지도 각오하는 리 버거는 바로 자신의 주장이 틀린 것으로 판명될지도 모르는 상황을 알면서도 동굴로 들어가기에 더욱 감동을 준다. 과학자에게는 냉철하고 객관적인 모습만큼이나, 열정적인 사랑에 빠진 모습 역시 중요하다는 것을 이 책은 알려준다. 아니, 과학자뿐만 아니라 어쩌면 인생을 살아가는 데 누구에게나 필요한 냉정과 열정 아니겠는가. 우리는 호모 날레디를 통해 인간다움의 기원을 배우고, 리 버거를 통해 삶을 살아가는 정열을 생각하게 된다. 강력히 추천한다.

_이상희(캘리포니아 리버사이드대학교 인류학과 교수, 《인류의 기원》 저자)

인기 과학 콘텐츠의 비결을 물을 때 늘 두 가지를 꼽는다. 첫 번째는 반전이 있는 주제일 것, 두 번째는 연구 과정에 흥미진진한 소설 같은 이야기가 담겨 있을 것. 호모 날레디는 이 두 가지 조건을 모두 갖춘, 과학 크리에이터 관점에서 정말 탐나는 주제다. 4킬로미터에 달하는 길이의 깊은 동굴, 또 폭이 수십 센티미터에 불과한 작은 공간을 숱하게 지나서야 만날 수 있는 고인류. 침팬지와 비슷한 뇌를 지녔지만, 손과 발 구조는 호모속에 가까운 존재. 또 현생인류만의 특징으로 여기는 시신 매장 풍습이 어쩌면 작은 뇌를 지닌 날레디에게도 있었을지 모른다는 과감한 추측까지! 저자는 날레디가 고인류학계에서 왜 가장 미스터리한 존재인지, 이에 관한 실마리들을 어떻게 풀어나가고 있는지 들려준다.

《케이브 오브 본즈》는 연구 결과들의 단순한 요약이 아니라 날레디가 묻혀 있는 까마득한 동굴을 탐사하는 과정까지 생생하게 묘사하고 있어 마치 한 편의 웰메이드 고고학 영화를 보는 것 같다. 책은 GPT나 유튜브 검색 한 번으로 찾을 수 있는 지식이 아니라, 연구를 직접하고 있는 사람만이 들려줄 수 있는 '진짜 이야기들'로 빼곡하다. 더 나아가 이야기들은 꼬리에 꼬리를 무는 질문들로 이어져, 대체 어느 시점에 잠시 책을 내려놓았다가 다시 읽어야 할지 모를 정도로 빠져들게 만든다. 모름지기 콘텐츠라면 이래야 한다. 좀 억울하다. 내가 호모 날레디 콘텐츠를 만들기 전에 이 책을 읽었더라면 유튜브 조회수가 더 잘 나오지 않았을까? 인류학뿐만 아니라 모험, 미스터리 그리고 이야기를 좋아하는 분들에게 주저 없이 권한다.

_**과학드림**(과학 크리에이터, 유튜브 '과학드림' 채널 운영)

일러두기

1. 본문의 인명, 지명 등 외래어는 국립국어원 외래어표기법에 따라 표기했습니다.
2. 인류종의 경우 학명을 병기했습니다.
3. 동물명이나 외국어 인명, 단체명 등은 이해를 돕기 위하여 필요한 경우에 따라 원어를 병기했습니다.
4. 본문 하단의 각주는 독자의 이해를 돕기 위한 옮긴이 주입니다.

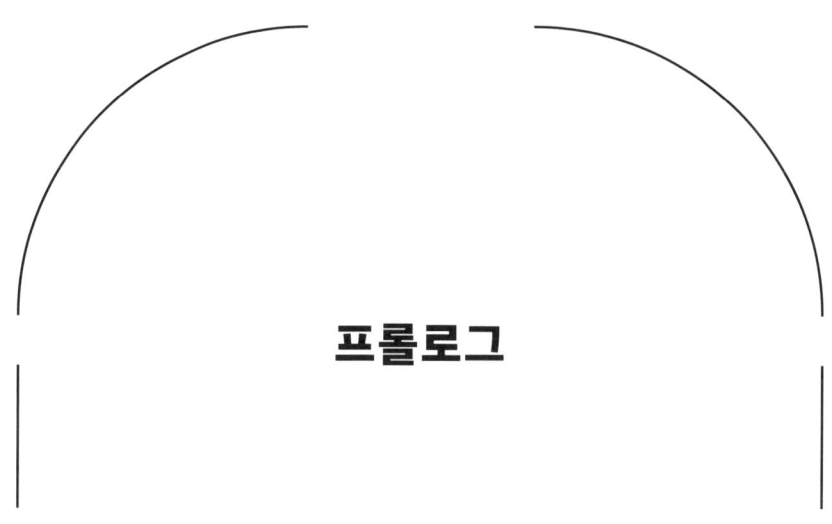

프롤로그

무언가 위험한 일에 뛰어들려 할 때는 의심의 순간이 찾아오기 마련이다. 두 발이 심연 같은 좁은 수직 통로 슈트chute로 미끄러져 들어갈 때 내게도 온갖 의심이 찾아왔다. 눈앞에 보이는 것은 단단한 바위뿐이었다. 면 소재인 파란 점프슈트가 울퉁불퉁, 뾰족뾰족 튀어나온 암벽에 걸려 여기저기 찢겼다. 두 다리가 허공에 매달려 흔들리는 사이, 허벅지가 갈라진 바위틈을 간신히 통과했다. 안전모에 매단 랜턴이 주위에 오싹한 그림자를 드리웠다. 랜턴은 눈앞의 어둠을 겨우 5미터밖에 뚫고 나가지 못했다.

    2013년부터 2022년까지 9년 동안 나는 다른 사람들이 미끄러지듯 이 틈으로 들어가 슈트를 내려간 뒤에 우리가 디날레디 굴Dinaledi Chamber이라 이름 붙인 휑뎅그렁한 공간에 도달하는 모습을 지켜보았다. 이곳에 묻힌 많은 화석 뼈 때문에 디날레디 굴은 우리 탐사단뿐만 아니라 전 세계 과학자들의 관심이 쏠린 발굴지로 떠올랐다. 그러나 나는 늘 라이징 스타 동굴계Rising Star System 입구에서 가까운 굴에 설치한 안전한 지휘 본부에서 컴퓨터 화면으로만 디날레디 굴을 지켜보았다. 탐사 단원들의 움직임이 우리가 여러 해에 걸쳐 라이징 스타 동굴계 곳곳에 설치한 통신선을 타고 화면으로 전달되었다. 지휘 본부를 설치한 굴이 플라스틱 의자와 책상을 놓을 만큼 넓은 덕분에 나는 더 깊은 지하에서 펼쳐지는 탐사 활동을 비교적 편안히 앉아 지켜볼 수 있었다.

그런데 이번에는 내가 직접 디날레디 굴로 들어가려는 참이었다. 최근 몇 달 사이 우리 탐사단이 인류의 기원을 찾는 연구에 큰 변혁을 일으킬 놀라운 단서로 보이는 흔적을 찾아냈기 때문이다. 드디어 우리가 먼 친척인 고생인류를 이해하고 오늘날을 사는 우리 인간이 누구인지를 새롭게 이해할 문턱에 서 있는 것 같았다. 그래서 직접 위험을 무릅쓰고 지휘 본부를 벗어나 용감하게 슈트를 통과해 놀라운 지하 공간에 발을 들이기로 했다. 디날레디 굴은 이미 여러 해 전 귀중한 화석 증거로 세상을 깜짝 놀라게 했다. 이곳은 고생인류의 유골이 어느 발굴지보다 풍부했다. 라이징 스타 동굴계는 수천 개의 뼈 화석으로 인류의 가계도를 다시 썼다. 그리고 내 삶의 경로도 바꿨다.

2013년 말부터 2014년 초까지 총 7주 동안 두 번에 걸쳐 디날레디 굴을 1제곱미터가량 조사한 결과, 우리는 주로 뼈와 치아로 구성된 화석을 1,200개 이상 발굴했다. 자주 하는 말이지만 이 발견 전까지 고인류학자를 포함해 전 세계에서 호미닌*(Hominini, 사람족)을 연구하는 사람의 수가 발굴된 호미닌 뼈보다 많았다. 우리 탐사단의 발견으로 이런 상황이 바뀌었다. 열 편이 넘는 논문에서 설명했듯이, 우리 탐사단에서 고대 호미닌의 해부학적 구조를 연구하는 전문가들이 확인해보니 이 화석들은 그동안 고인류학자들이 다른 발굴지에서 찾아낸 화석들과 완전히 달랐다. 디날레디 화석은 새로운 종, 새로운 고생인류 친척의 원형을 드러냈다. 분석 결과 이 종은 현생인류 및 근연종近緣種을 분류하는 호모속(*Homo*, 사람속)에 속했다. 라이징 스타에서 발견된 만큼 이 지역 공용어**인 소토어로 '별'을 뜻하는 단어인 날레디Naledi를 붙여 우리는 이 종을 호모 날레디(*Homo naledi*)라 부르기로 했다.

그러나 호모 날레디라는 획기적 발견 이후로 대롱대롱 매달린 채 12미터에 이르는 슈트를 내려가 디날레디에 발을 디딘 동료 단원은 채 50명이 되지 않았다. 8년 가까이 연구를 이끈 나도 그 공간을 머릿속으로만 그려보았을 뿐, 자세한 모습은 지휘 본부에 앉아 발굴 작업 중인 단원들을 모니터로 지켜보고, 그들의 묘사에 귀 기울이고, 지도를 살피고, 단원들이 파내 어렵사리 지휘 본부로 가져온 화석에 감탄하는 것으로 만족했다. 디날레디 굴이 얼마나 위험한 곳인지를 여러 해 동안 수천 명에게 설명했지만 내가 직접 들어간 적은 한 번도 없었다.

이제 내 하반신이 수직 통로에 들어왔다. 한동안은 어려울 심호흡을 한 번 하고는 앞으로 내가 지나야 할 좁은 공간들을 머릿속에 그려보았다. 슈

- 호미닌을 다시 사람아족과 침팬지아족으로 나눠 침팬지와 보노보까지 포함하기도 하지만 여기에서는 현생인류와 직계 조상인 고생인류만을 가리킨다.
- •• 남아프리카공화국은 총 11개의 공용어를 사용한다.

트에서 가장 좁은 곳은 폭이 겨우 19센티미터로 채 한 뼘이 되지 않았다. 내가 그곳을 지날 수 있을까? 무사히 디날레디까지 내려갔다 치더라도 다시 나올 수는 있을까? 몇 달 뒤면 쉰일곱 살이 될 내 몸은 튼튼하기는 해도 절대 날씬하다고는 말할 수 없었다. 이번 탐사를 위해 몸무게를 25킬로그램이나 감량했지만 과연 충분할까?

나는 고대부터 자리를 지켰을 오래된 회색 바위틈으로 몸을 욱여넣었다. 골반이 슈트로 들어가는 것이 느껴졌다. 젠장, 꽉 끼네. 수직 통로 꼭대기에 발을 디딜 돌출물이 있다는 것을 떠올리고 몸을 버둥거렸다. 딱 한 곳에 발이 닿았다. 한 발을 그곳에 올리고 버틴 채 다른 쪽 다리를 허공에 늘어뜨렸다. 그리고 숨을 참은 채 각오를 단단히 하고, 두 손으로 벽을 밀어 중력이 내 궁둥이를 바위 틈새로 끌어당기게 했다. 날카로운 바위가 배를 긁었다. 내 몸이 굴뚝 같은 통로 입구에 반쯤 들어간 채 대롱대롱 매달려 있었다. 이제 겨우 시작이었다.

고개를 들어 우리 단원이자 '슈트 트롤*chute troll'인 마로펭 라말레파Maropeng Ramalepa를 바라보았다. 하강의 전반부를 안내할 마로펭이 우리끼리 슈트 트롤석이라 부르는 통로 입구에 쪼그리고 앉아 있었다. 이 통로를 수십 번이나 오간 그가 활짝 웃었다. 내 헤드램프 불빛에 비친 마로펭의 두 눈이 반짝반짝 빛나는 가운데 그가 말했다.

"할 수 있어요, 교수님!"

• 유럽 신화 속 괴물 트롤이 주로 동굴에서 살았다.

나는 앓는 소리로 답을 대신했다. 벌써 동굴 속 공기가 차가워 숨을 내쉴 때마다 하얀 입김이 서렸다. 디딜 곳을 찾아 조심스럽게 두 발을 움직이며 몸을 내리자 이번에는 엉덩이가 막 빠져나온 비좁은 곳에 가슴팍이 닿았다. 척추와 갈비뼈가 바위에 꽉 눌렸다.

가슴통의 크기를 줄일 셈으로 배를 쏙 집어넣고 숨을 내쉰 뒤, 믿기지 않게 좁은 틈새를 가슴이 통과할 수 있도록 몸을 다시 한번 아래로 밀어 넣었다. 등덜미가 바위에 긁히고 찔린 듯 아렸지만, 마침내 그곳을 통과했다. 이제 내 몸 전체가 슈트로 들어왔다.

두 팔은 머리 위로 뻗어 있고, 두 발은 아래쪽에서 디딜 곳을 찾아 버둥거렸다. 아래를 내려다보려 했지만 안전모만 바위에 긁히고 말았다. 위를 올려다보니 방금 간신히 통과한 좁은 틈새가 보였다. 나중에 어떻게든 다시 올라와 저곳을 통과해야겠지? 다시금 의심이 고개를 들었지만 이성이 마음을 다잡았다. 내게는 답을 찾아야 할 질문이 있어. 어쩌면 새로 발견할 게 있을지도 모르잖아. 드디어 내 경력에서 가장 중요한 발굴지를 내 두 눈으로 직접 볼 수 있는 때가 온 거라고.

다시 한번 숨을 깊이 들이마시려는데 가슴이 암벽에 짓눌렸다. 그래도 각오를 다졌다. 손을 더듬어 다음에 잡을 돌출물을 찾으며 조금씩 슈트 아래쪽으로 몸을 움직였다. 내 인생에서 가장 경이롭고도 무시무시한 순간을 맞닥뜨리게 될 줄은 미처 알지 못했다.

차 례

추천의 말 006
프롤로그 009

제 1 부
날레디를 찾기까지

제 1 장 **인류의 요람** 019
제 2 장 **인류의 가계도** 028
제 3 장 **호모 날레디를 찾아서** 052
제 4 장 **세상, 날레디를 만나다** 067
제 5 장 **별이 많은 굴** 074

제 2 부
아주 많은 뼈

제 6 장 **레세디 굴 안으로** 083
제 7 장 **동굴인** 091
제 8 장 **또 다른 시신** 095
제 9 장 **매장의 실마리** 104
제 10 장 **전환점** 135

제 3 부
어둠 속으로

제11장	훈련	151
제12장	슈트에 접근하기	160
제13장	슈트 속으로	171
제14장	슈트 내려가기	179
제15장	힐 곁굴 탐사	190
제16장	표지	196
제17장	더 많은 표지	204
제18장	고난의 탈출	217

제 4 부
의미

제19장	표지와 의미	229
제20장	그을린 뼈	236
제21장	문화의 흔적을 찾아	241
제22장	의미를 찾아	251

에필로그	261
감사의 말	264
부록 1. 디날레디 굴에 들어간 사람들	268
부록 2. 호모 날레디 발견 연표	269
참고문헌	271
그림 출처	276
색인	277

제 1 부

날레디를
찾기까지

▶ 라이징 스타 동굴계는 남아프리카공화국 인류의 요람에 있는 여러 고대 호미닌 발굴지 중 하나다.

제 1 장

인류의 요람

라이징 스타 동굴계는 우리 탐사단이 호미닌을 연구하는 주요 발굴지로, 40년도 더 전에 두려움을 모르는 동굴 탐험가들이 이곳을 찾아 험준한 통로들을 발견했다. 가파르고 좁은 수직 통로 슈트와 디날레디 굴 같은 공간을 품은 이곳이 위치한 곳은 여러 동굴계가 그물망처럼 뻗어 있는 유네스코 세계유산 유적지인 인류의 요람이다. 주변을 둘러보면 개울과 강, 드문드문 보이는 나무 군락을 따라 푸른 초원으로 뒤덮인 구릉지, 소규모 경작지, 야생동물 보호구가 펼쳐진다. 야트막한 산등성이 여기저기에서 폭포가 쏟아지는 이 지역을 남아프리카공화국 사람들은 '하얀 물줄기가 떨어지는 산등성이', 비트바테르스란트witwatersrand라 부른다. 요하네스버그에서 차로 한 시간 거리인 비트바테르스란트는 남아프리카 중앙의 해발 1,525미터 지점에서

▶ 라이징 스타 탐사 단원 마타벨라 치코아네Mathabela Tsikoane가 전형적인 유석과 종유석의 형성 지형에 앉아 있다.

서부와 북부로는 사막을, 동부와 남부로는 해안 지대를 내려다보는 드넓은 하이펠트highveld 고원에 자리 잡고 있다.

하이펠트는 곳곳에서 지표면을 뚫고 드러난 기반암 탓에 기름진 표토가 쌓일 틈이 거의 없어 고원 지대인데도 곡물을 경작할 만한 땅이 적다. 하이펠트의 바위투성이 지층을 이루는 백운석회암은 탄산칼슘과 마그네슘이 주성분인 매우 단단한 회색 퇴적암으로, 복잡한 생물체가 진화하기 훨씬 전인 30~20억 년 전 얕고 따뜻한 바닷물에 석회와 모래가 서서히 퇴적해 만들어졌다. 이런 지형에 생긴 동굴의 암석은 순수한 백운암(돌로마이트dolomite)과 얇은 처트chert가 레이어 케이크처럼 켜켜이 쌓여 있다. 규산이 주성분인 처트는 매우 치밀하고 단단해 물리적 힘을 받으면 변형되기보다 파괴되는 퇴적암이다. 이 짙고 광택이 도는 얇은 처트층이 단조롭고 광택이 없는 두꺼운 백운암층과 만나 선명한 대비를 이룬다.

　이런 백운석회암 지대에 빗물이나 지하수가 흘러들면 탄산칼슘이 물에 녹아든다. 물에 녹은 탄산칼슘이 오랫동안 동굴 벽을 타고 흘러내리며 침전해 하얀 석회층을 이루면 유석이 되고, 천장에 맺힌 채 굳어 아래로 길게 자라면 종유석, 바닥에 떨어졌다가 굳어 위로 길게 자라면 석순이 된다. 20세기 초에는 광부들이 이런 석회 동굴에서 허리가 휘어라 캐낸 탄산칼슘을 커다란 가마에 넣고 구워 오늘날 석회라 부르는 비료를 만들었다. 석회 동굴의 우묵한 곳이나 커다란 공간에 어쩌다 거칠고 모난 자갈이 쌓이면 물에 녹아 똑똑 떨어진 탄산칼슘과 만나 단단하게 굳기도 한다. 이런 퇴적암을 각력암이라 부르는데, 이곳 석회 동굴의 각력암층에서 주변 지역과 동굴에 살았던 고생물 화석이 심심찮게 발견된다. 이 지역의 각력암층과 유석층이 짧게는 수천 년, 길게는 300만 년 전에 생성되었기 때문이다.

　하이펠트의 잔잔한 풍경 아래에는 석회보다 값진 보물이 숨어 있다. 드문드문 펼쳐진 나무 군락을 살펴보면, 어디든 지반 침하로 움푹 꺼진 싱크홀이 보인다. 심한 경우 꺼진 깊이가 무려 30미터로, 아래에 매우 큰 지하 동굴이 있다고 미루어 짐작할 수 있다. 때로는 수평으로도 웅장한 대형 동굴부터 자그마한 바위굴까지 다양한 동굴이 형성되어 있다. 몇 곳을 제외하면 사람의 발길을 허락하지 않은 그물망 같은 통로들이 하이펠트 고원 아래를 하나로 연결한다. 눈썰미 좋은 탐험가들은 그저 작은 구멍 같아도 사실은 이 거대한 지하 미로로 가는 입구인 곳을 곧잘 찾아낸다. 내가 라이징 스타에서 위험을 무릅쓰고 들어간 입구도 바로 그런 곳이었다.

이런 지하 지형을 빚어낸 것은 지진이나 운석 추락 같은 대규모 자연현상이다. 이 과정에서 생긴 물길을 따라 물이 스며들어 서서히 백운암을 침식했다. 식물의 뿌리가 실금 같은 바위틈을 파고들 듯 서서히 야금야금 일어난 침식이 암석층에 균열을 냈다. 지하를 흐르는 강이 수천 년에 걸쳐 바위를 침식해 지형을 빚어냈다. 갑작스러운 침강과 붕괴가 더 큰 공간을 만들었다. 지질 구조에 영향을 미치는 이 모든 힘을 이해하면 이 지하 세계가 수십만 년 전 어떤 모습이었을지, 어떻게 우리 조상들에게 안식처가 되었을지 이론을 제시할 수 있다.

라이징 스타 동굴계를 구성하는 미로 같은 통로는 총 길이가 4킬로미터에 달하고, 어떤 곳은 지하수면만큼 깊어 지표면에서 40미터 넘는 지점까지 내려간다. 4킬로미터에 가까운 통로를 이용해 접근할 수 있는 구역은 250×150미터로, 동굴 탐험가와 탐사가들이 지금까지의 광범위한 조사를 바탕으로 지도를 제작했다. 경험이 풍부한 동굴 탐험가라면 석회암과 처트가 촘촘히 뒤섞인 기반암을 따라 이동하고 좁은 바위틈을 비집고 들어가 이 복잡한 동굴계를 탐사할 수 있다. 가끔은 허리를 쭉 펴고 앉거나 아예 일어서도 될 만큼 넓은 굴을 발견하겠지만, 대개는 폭이 1미터도 안 되는 작은 공간이 숱하다. 라이징 스타의 큰 굴 몇 곳은 천장에는 크리스털 샹들리에처럼 반짝이는 종유석이, 바닥에는 기둥처럼 솟아오른 석순이 자라는 이색적인 동굴 지형을 생생히 보여준다.

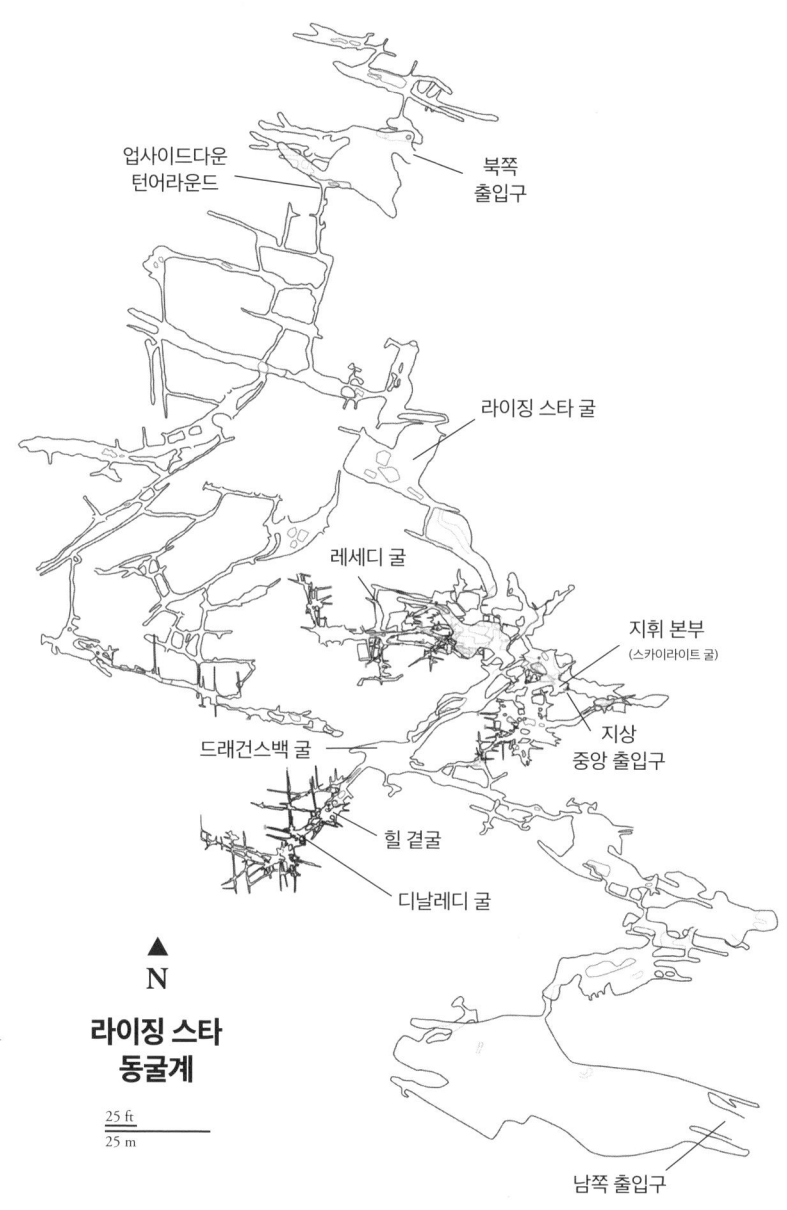

▶ 라이징 스타 동굴계는 광범위하게 뻗은 입구와 통로들로 구성된다.

은신처로든 죽음의 장소로든 동굴은 인류의 오랜 여정에서 중요한 요소였다. 흔히 '동굴인caveman'이라는 용어로 원시시대 동굴의 역할을 기리지만 실제 이야기는 한층 더 복잡하다.

250만 년 전 이 지역에 살았던, 뇌가 작은 가장 초창기 조상 오스트랄로피테신•(Australopithecine)의 유골이 여러 동굴에서 발견되었다. 이 초기 조상들이 지하 세계와 정확히 어떤 영향을 주고받았는지는 아직도 수수께끼다. 이들의 뼈 일부에 검치호saber-toothed tiger(*Smilodon*)와 표범 같은 맹수의 이빨 자국이 남아 있으니, 동굴의 어둡고 후미진 곳에 이 오스트랄로피테신의 유골을 남긴 것은 맹수들이다. 100만 년 전 존재한 호모 에렉투스(*Homo erectus*) 같은 호미닌에게는 지하 공간이 더 푸근한 곳이었다. 아시아, 유럽, 아프리카에서 발견된 호모 에렉투스는 동굴 입구에 불을 사용했다는 증거와 더불어 석기와 도축 흔적이 있는 동물 뼈를 남겼다.

동굴은 맹수를 피할 은신처, 편히 쉴 안식처, 더위를 피할 서늘한 피서지가 될 수 있다. 불을 확보하면 겨울을 따뜻하게 보내고, 바람과 비, 번개를 피할 쉼터가 된다. 오늘날 많은 사람이 고대 조상들을 '동굴인'으로 생각하는 까닭은 동굴이 뼈와 인공 유물을 오랜 세월 보존하기도 했지만, 이 고생

• 호미닌 중 오스트랄로피테쿠스속(*Australopithecus*)과 파란트로푸스속(*Paranthropus*)을 합쳐 가리키는 용어로 케냔트로푸스속(*Kenyanthropus*)과 아르디피테쿠스속(*Ardipithecus*)을 포함하기도 한다.

인류가 동굴을 사용했기 때문이다. 그런데 유럽의 네안데르탈인**과 초기 호모 사피엔스(Homo sapiens)가 보인 몇몇 예외를 제외하면 고대 호미닌은 대부분 동굴을 일시적으로, 그것도 가장 얕은 어귀 쪽만 사용했다. 고생인류는 동굴 입구에서 가까운 돌출된 바위 아래나 움푹 들어간 바위굴에 머물렀을 뿐, 빛이 들지 않는 깊고 어두운 공간은 대체로 꺼렸다.

주로 남아프리카에서 연구하는 고인류학자답게 나는 많은 시간을 동굴 탐사에 쏟았다. 그리고 그 경험을 바탕으로 이런 지하 공간을 다음의 세 범주로 나눈다. 살아 있는 구역, 죽어 있는 구역, 죽음을 머금은 구역.

    살아 있는 구역은 동굴에 들어설 때 처음 나오는 공간과 그 너머 바로 뒤쪽 공간을 아우른다. 이런 공간에는 커다란 동물이 과감히 발을 디며 온갖 냄새와 소리가 가득한 살아 있는 생태계가 펼쳐진다. 표범 오줌에서 나는 버터 팝콘 냄새, 호저의 사향 냄새, 시들어 썩어가는 식물에서 피어나는 곰팡내. 움푹 파인 벽에서는 동굴지빠귀cape robin-chat가 지저귀고, 바위에 올라앉은 원숭이올빼미western barn owl가 언짢다는 듯 깃털을 곤두세운다. 여기에서 과감하게 더욱 깊이 들어가면 빛이 사라져 세상이 어두침침해진다. 이

** 학명은 학설에 따라 호모 네안데르탈렌시스(Homo neanderthalensis)와 호모 사피엔스 네안데르탈렌시스(Homo sapiens neanderthalensis)로 갈린다. 후자에서는 현대인을 호모 사피엔스 사피엔스(Homo sapiens sapiens)로 명명한다.

제부터는 헤드램프가 필요하다.

살아 있는 구역에서 50미터 남짓 지나면 그 뒤로 죽어 있는 구역이 이어진다. 이 구역에서는 박쥐가 휙 얼굴을 스쳐 날아가고, 헤드램프의 불빛에 눈이 빛나는 유럽동굴거미european cave spider가 보이기도 한다. 하지만 눈에 보이는 세상은 점점 좁아져 결국 동그란 헤드램프의 불빛이 밝힐 수 있는 범위에 그치고, 원뿔 모양의 불빛 바깥은 아무것도 보이지 않는다. 흩어지는 소리마저 좁은 공간에 남김없이 흡수되어 가까이 있는 동료의 목소리조차 들리지 않는다. 들리는 소리라고는 내가 내는 들숨소리와 날숨소리, 장갑이 축축한 바위를 스치는 소리, 부츠가 튀어나온 바위 턱에 부딪히는 소리뿐이다. 이때는 끝없이 아래로 가라앉는 듯한 느낌이 든다.

라이징 스타 동굴계의 여러 통로와 굴이 그렇듯, 엄밀히 말해 이런 공간은 죽어 있는 곳이 아니다. 제 나름대로 살아 있다. 다만 그 주체가 유기체가 아닐 뿐이다. 동굴 속 작은 틈을 통해 공기가 이동하며, 동굴은 말 그대로 숨을 쉰다. 보이지 않는 더 큰 공간 사이의 압력차가 공기를 움직여 지표면의 보이지 않는 구멍으로 내보내고 빨아들인다. 죽어 있는 구역의 공간들은 대체로 건조한 편인데도 늘 습한 느낌이다. 특히 디날레디 굴 같은 곳에서 빛을 비추면 종유석과 석순이 다이아몬드처럼 반짝이고, 물방울이 똑똑 아래쪽 지하수면으로 떨어진다. 물방울이 떨어질 때마다 아주 조금씩 석회 침전물을 남긴다. 이런 곳에서는 석회 동굴의 형성 과정을 제대로 볼 수 있다. 이렇게 수천 년이 지나면 하얀 종유석과 석순 또는 편평한 유석층이 만들어진다.

통로를 따라 굴에서 굴로 기어오르거나 내려갈 때는 하중을 감지하는 능력과 촉각이 어마어마하게 중요하다. 손을 옮길 때마다 붙잡을 돌출물을 빠짐없이 확인해야 한다. 이게 내 몸무게를 견뎌줄까? 혹시 미끄러지더라도 장갑을 낀 손이 이 지점을 붙잡고 매달릴 수 있을 만큼 정지 마찰력이 충분할까? 발을 디딜 곳도 확인하고 또 확인한다. 일단 먼저 발부터 옮기고 본다는 것은 웬만해서는 있을 수 없는 일이다. 이곳에서는 까딱하다 다치기라도 하면 그저 불편한 정도의 부상에도 목숨이 오갈 수 있다. 이런 탐사는 굼뜨게 진행된다. 우리가 여러 해 동안 탐사한 라이징 스타조차 인간의 발길보다 달빛이 더 자주 찾아든 공간이 적지 않다.

'죽음을 머금은' 구역은 고인류학자에게 여러모로 가장 중요한 곳이다. 이런 공간에는 이전에 사람이나 호미닌이 있었다거나 어떤 동물이 겁 없이 혼자 너무 깊숙이 들어왔다 굶어 죽거나 떨어져 죽었다는 증거가 있다. 어떤 공간에 들어갔다가 개코원숭이나 벌꿀오소리의 사체 같은 것을 발견할 때는 묘한 감정이 든다. 이 가여운 짐승은 어쩌다 이렇게 깊고 어두운 비밀스러운 공간까지 들어오게 되었을까? 무언가를 찾고 있었던 걸까? 길을 잃거나 헷갈렸을까? 바닥에 누운 사체는 이제 말라비틀어진 가죽, 털, 뼈밖에 남지 않은 미라가 되어가고 있다. 이 공간은 죽음을 머금고 있다. 그래서 영원히 다른 곳이 되었다.

이 점이 우리가 고생물을 연구할 때 감당해야 할 저주다. 우리는 무언가가 죽은 곳을 탐사한다. 이런 곳에서 흔히 화석이 만들어진다. 비록 시작은 비극이지만 이 생물들은 결국 불멸을 얻는다. 지상에서 살아가다 죽는 무수한 생물은 절대 얻지 못할 불멸을.

제 2 장

인류의 가계도

여기에서 잠깐, 인류의 진화를 밝히는 연구가 현재 어디까지 와 있는지 이야기해보자. 내가 강연에 나설 때면 사람들은 약속이나 한 듯 함축된 질문을 던지고서 똑떨어지는 간단한 답을 바란다. 호모 날레디와 나는 어떤 관계인가요? 그런 답은 없다. 이쯤에서 마이크를 고인류학자 존 호크스John Hawks에게 넘기려 한다. 그가 나보다 더 잘 답해줄 것이다.

리 버거를 포함한 우리 탐사단은 빠르게 변화하는 학문의 한복판에 서 있다. 그래서 종종 놀라운 발견을 한다. 우리가 어렸을 때 인류의 기원에 관해 배운 내용조차 현재는 새롭게 바뀌었다.

1970년대에서 1980년대 초, 당시 어린이였던 나는 과학 서적에 푹 빠져 지냈다. 도서관에 있는 과학책이란 과학책은 모조리 빌려 보았던 것 같다. 내가 자란 작은 고장의 도서관에는 공룡이나 바다 생물을 다룬 어린이책은 많아도 인류의 진화를 다룬 책은 없어서 그런 책을 읽으려면 어른용 일반 서가로 가야 했다. 지금도 기억나는 책인《선사인Early Man》은 접힌 페이지들을 펼치면 당시 알려진 모든 고생인류 14종과 현생인류를 자세히 그린 삽화가 나타났다. 그림 속 인류는 진화 순서에 따라 한 줄로 늘어서서 걸었다.

가장 오른쪽, 행렬의 맨 앞은 막 신체검사를 마치고 나온 것처럼 보이는 현생인류였다. 그 뒤로 창을 든 크로마뇽인*, 네안데르탈인, 호모 에렉투스, 오스트랄로피테쿠스 아프리카누스(Australopithecus africanus)가 눈에 띄었다. 가장 왼쪽, 행렬의 맨 뒤는 외줄을 타듯 두 팔을 치켜들어 위아래로 흔드는 작은 유인원이었다. 그림 속 인류는 모두 수컷이었고, 행렬의 앞에서 뒤로, 오른쪽에서 왼쪽으로, 현재에서 과거로 갈수록 키가 작아지고 털이 많아지고 등이 굽었다. 펼쳤던 페이지를 접으면 여섯 종만 보여, 가장 미개한 종과 가장 진보한 종이 모두 연속된 것 같았다.

흔히 '진보의 행진The March of Progress'이라 부르는 이 그림은 과학사에서 손꼽게 유명한 묘사다. 여러분도 기업이나 박물관의 홍보용 티셔츠, 광고판

• 분류상 호모 사피엔스로 본다.

▶ 수십 년 동안 인류 진화는 유인원에서 현생인류로 '진보의 행진'을 하며 일직선으로 일어났다고 그려졌다.

에서 이 그림을 본 적이 있을 것이다. 여기에 인류 진화의 다음 단계를 보여주려고 구부정하게 컴퓨터 앞에 앉아 있는 사람, 우주복을 입은 사람, 볼록 나온 배를 뿌듯하게 내보이는 사람을 맨 앞에 더할 때도 있다. '진보의 행진'은 인류 진화의 상징이다. 어디에서나 볼 수 있는 상징이다. 그리고 틀린 상징이다.

우리는 일직선으로 진화하지 않았다. 화석으로 발견된 우리 친척은 한 줄로 늘어선 계보가 아니라 여러 가지로 갈라지는 계통수를 그린다. 《선사인》이 출간된 1960년대에도 이미 고인류학자들은 우리 조상과 친척이 계통수 안에서 다양하게 갈라진다는 것을 알았다. 물론 과학자들이 여러 화석인류가 정확히 서로 어떤 관계인지 알아내는 데는 무수한 난관이 있었고, 지금도 많은 부분이 수수께끼로 남아 있다. 하지만 모든 화석인류를 조상부터 후손까지 한 줄로 세울 수 있다고 생각한 사람은 아무도 없었다. 과학자들은 이 화석들이 몇몇 중요한 면에서 현생인류와 비슷한 특성을 보이기는 해

▶ 하지만 오늘날 과학은 인류 진화가 그렇게 간단하지 않았다는 것을 보여준다.

도 서로 독립된 진화 경로를 밟은 여러 종을 대표한다는 것을 알았다. 이러한 친척 관계인 화석인류 각각은 우리를 그들과, 또 고대와 현대의 영장류와 연결하는 거대한 계통수의 한 가지다.

화석은 이 계통수의 모양을 뒷받침하는 증거를 제시한다. 그래도 오늘날 우리는 점점 더 다른 증거에 기대고 있다. 바로 고생 종과 현생 종에서 나온 DNA 기록이다.

　리 버거와 함께 라이징 스타를 발굴하기 전까지 내 연구 대상은 대부분 유전자였다. 나는 오늘날 전 세계에 퍼져 있는 인류가 서로 어떤 관계인지, 여러 고생인류가 전체 계통수에서 어느 위치에 해당하는지 파악하려 했다.

다른 문제도 마찬가지지만 이런 문제에서는 화석과 DNA가 각각 다른 정보를 주므로 DNA가 화석보다 더 낫지도 뒤처지지도 않는다. 그래도 계통수의 여러 가지가 애초에 어떻게 갈라졌는지, 마지막으로 공통 조상을 공유한 시기는 언제인지를 추적하는 데는 DNA가 훨씬 유용할 수 있다. 이를테면 DNA 분석용 침 샘플을 보내 가계도를 알아내는 방법을 똑같이 이용해 다른 현생 영장류의 게놈과 비교해볼 수 있다.

사람과 가장 가까운 현생 영장류는 아프리카 대형 유인원* 중 근연 관계인 침팬지와 보노보로, 둘은 약 200만 년 전 공통 조상에서 갈라졌다. 영장류 계통수에서 이 공통 조상의 가지는 우리 인류의 가지와 자매 사이다. 여기에서 알 수 있듯이 침팬지, 보노보, 인류, 이 세 종의 마지막 공통 조상이 존재했다. 그리고 현재 세 종의 DNA에 따르면 공통 조상이 생존한 시기는 800만~600만 년 전이다. 화석은 아직 발견하지 못했지만 이 시기와 그 이전 다른 유인원 화석에서 매우 다양한 해부학적 구조가 나타나므로, 이들의 생존 방식도 다양했을 것이다. 바로 이때부터 현대인과 그 친척인 모든 화석인류를 아우르는 호미닌 계통수가 뻗어나가기 시작했다.

• 흔히 아프리카가 발원지인 고릴라, 침팬지, 보노보를 가리킨다. 세 종 모두 호미닌과 더불어 사람아과(Homininae)에 속한다.

여전히 유전적 특성을 연구하지만, 나는 지금껏 10년 넘는 세월을 대부분 화석 연구에 쏟아부었다. 그리고 그중 많은 시간을 요하네스버그에 위치한 비트바테르스란트대학교의 화석 보관실에서 보냈다. 이 특별한 장소에 보관된 것은 열 곳 넘는 남아프리카공화국 유적지에서 나온 고대 호미닌의 뼈 수천 점이다. 그중 손꼽게 오래되었으면서도 중요한 호미닌 화석 하나가 특수 제작된 박물관 진열장에 잠들어 있다. 1924년 남아프리카공화국 타웅에서 발견되어 오늘날 흔히 타웅 아이** taung child라 부르는 이 머리뼈 화석을 가장 먼저 고생인류로 인정한 해부학자 레이먼드 다트 Raymond Dart는 이 종에 오스트랄로피테쿠스 아프리카누스라는 이름을 붙였다. 그 뒤로 스테르크폰테인과 마카판스가트 같은 또 다른 남아프리카공화국 유적지에서 더 많은 아프리카누스가 발견되었다. 현재 이 종은 300만~210만 년 전 이곳에 살았다고 추정되고 있다.

 각각 발견된 화석은 몸의 작은 일부에 해당할 뿐이었지만, 고인류학자들이 결합해보니 그림이 뚜렷해졌다. 오스트랄로피테쿠스속은 사람처럼 몸을 똑바로 세우고 두 발로 걸을 수 있었다. 척추, 다리, 발, 골반의 모든 형태가 두 발로 걷고 달리는 데는 유리하지만 네 발로 움직이는 데는 방해가 되었다. 그런데 뇌 용적은 약 400~500시시cc로 1,400시시인 사람에 견주어

•• 세 살 정도로 추정되는 어린 호미닌의 머리뼈다.

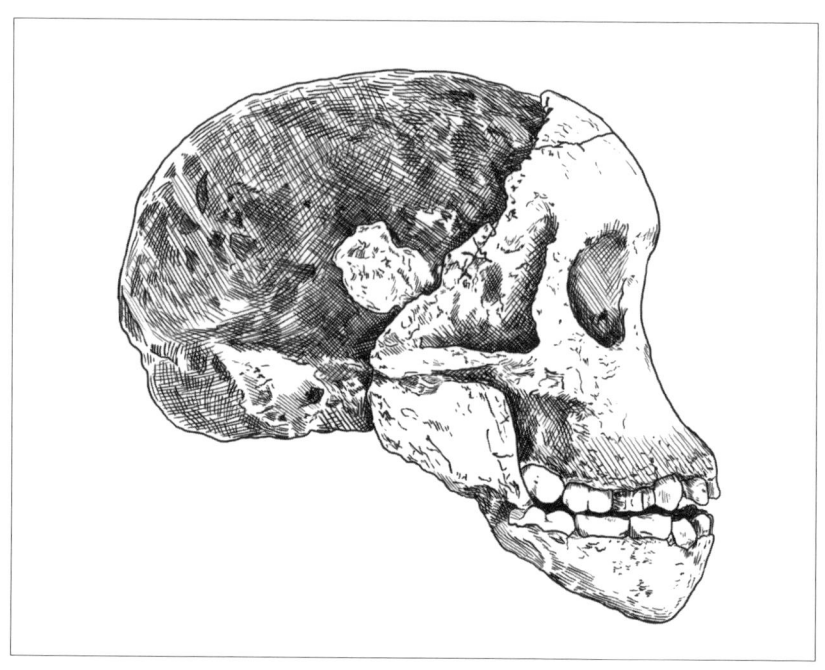

▶ 1924년 남아프리카공화국에서 타웅 아이(오스트랄로피테쿠스 아프리카누스)의 머리뼈가 발견되어 이 지역에 초기 호미닌의 역사 증거가 풍부할 것을 암시했다.

훨씬 적었다. 어금니와 작은어금니가 우리보다 훨씬 크고 두툼했는데, 이들이 무엇을 먹었는지는 과학자들이 아직 연구 중이다. 오스트랄로피테쿠스의 얼굴이 유인원과 중요하게 다른 점은 송곳니가 훨씬 작다는 것이다. 하지만 이 점을 빼면 오스트랄로피테쿠스의 얼굴을 보았을 때 먼저 떠오르는 것은 현생인류가 아니라 침팬지나 고릴라일 것이다.

호미닌의 화석 기록을 대표하는 여러 유명 화석이 오스트랄로피테쿠스 속에 속한다. 1970년대 에티오피아와 탄자니아에서 활동한 탐사단들이 오스트랄로피테쿠스의 초기 형태인 오스트랄로피테쿠스 아파렌시스(*Australo-*

pithecus afarensis)를 발굴했다. 이 종에 속하는 그 유명한 부분 골격이 1974년 고인류학자 도널드 조핸슨Donald Johanson과 당시 대학원생이던 톰 그레이Tom Gray가 발견해 널리 알려진 화석 루시Lucy다. 1976년 탄자니아 라에톨리에서 고인류학자 메리 리키Mary Leakey가 찾아낸 화석 발자국 대다수를 만든 종도 이 아파렌시스일 것이다. 이 화석은 대부분 360만~300만 년 전 만들어졌을 것으로 추정되지만, 가장 오래된 화석은 390만 년 전까지 거슬러 올라간다. 내가 어린아이일 때는 이런 발견들이 그야말로 새로운 것이었다.

그런데 내가 대학원생이었을 때, 과학자들이 호미닌의 등장 시기를 훨씬 더 오래전으로 앞당겼다. 1990년대 케냐 투르카나 호수 서남쪽에서 화석 사냥꾼들을 이끈 고인류학자 미브 리키Meave Leakey가 유인원에 더욱 가까워 보이는 턱뼈를 포함해 더 이른 시기의 화석을 찾아냈고, 이 종을 오스트랄로피테쿠스 아나멘시스(*Australopithecus anamensis*)라 명명했다. 다른 과학자들도 에티오피아에서 머리뼈를 포함해 이 종의 화석을 더 많이 찾아냈다. 아나멘시스 화석의 연대는 420만~380만 년 전이다.

아프리카누스, 아파렌시스, 아나멘시스가 발견될 때마다 매번 더 오래된 종의 출현을 상징했지만, 세 종은 여러모로 서로 비슷했다. 모두 두 발로 걸었고, 평균 몸무게와 키가 사람에 미치지 못했고, 뇌가 더 작았다. 몇 가지 다른 점도 있었다. 아프리카누스는 팔이 더 길고 어금니도 컸다. 일부 아파렌시스 개체는 턱 근육과 몸집이 컸고, 아나멘시스는 턱과 얼굴이 유인원에 훨씬 가까웠다. 분명히 이 초기 고생인류와 주변 환경 사이에 무언가가 잘 맞아떨어지면서 이들은 약 200만 년 동안 번성할 수 있었다. 하지만 그렇게 번성한 종이 이들만은 아니었다.

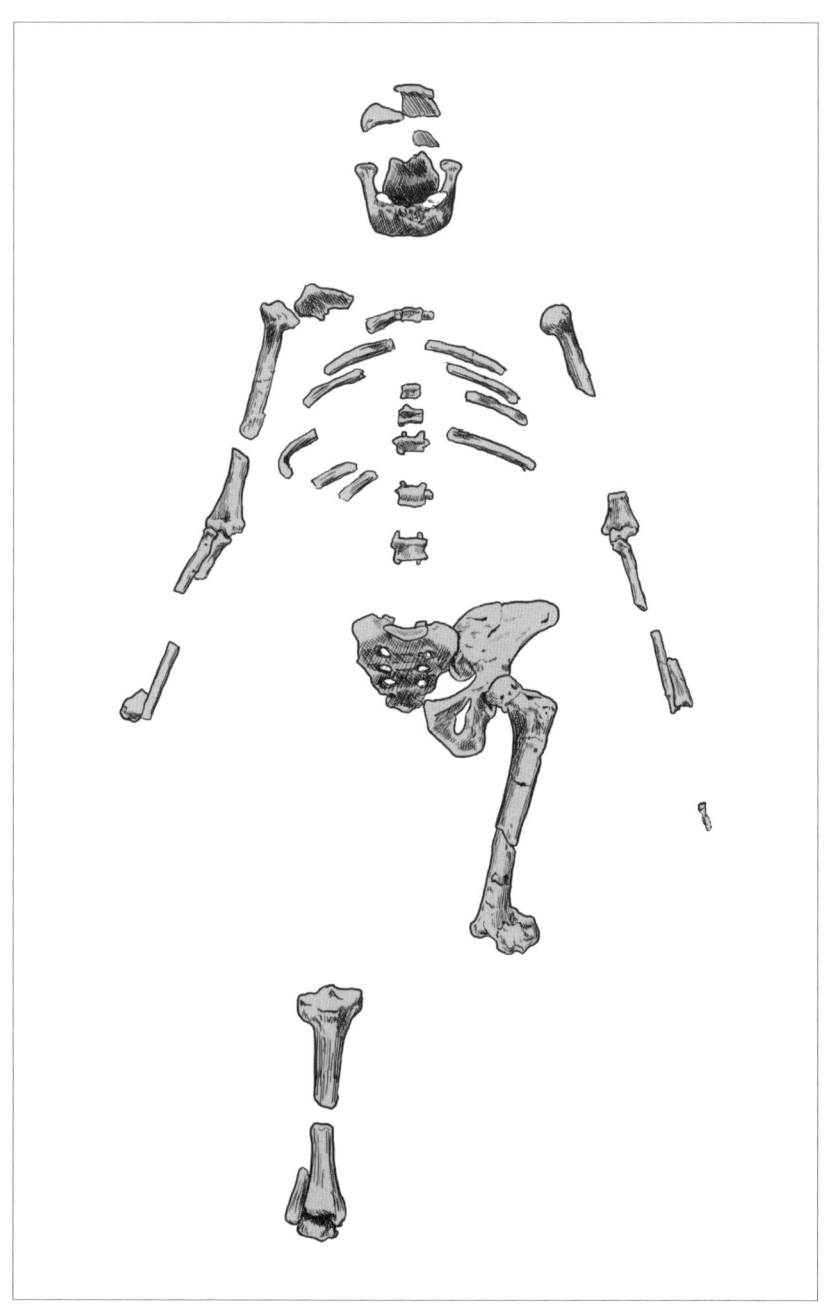

▶ 흔히 루시라 부르는 오스트랄로피테쿠스 아파렌시스 화석이다. 1974년 에티오피아에서 발견된 것으로 골격의 절반 가까이를 보여준다.

그 뒤로 발견된 화석들을 보면 이 시기 대부분에 걸쳐 아프리카에는 우리가 잘 모르는 다른 호미닌들이 존재했다. 아파렌시스와 같은 시기에 케냐 투르카나 호수 근처에는 케냔트로푸스 플라티오프스(Kenyanthropus platyops)가, 에티오피아에는 오스트랄로피테쿠스 데이레메다(Australopithecus deyiremeda)가 살았고, 얼마 뒤 에티오피아에 오스트랄로피테쿠스 가르히(Australopithecus garhi)가 나타났다. 또 다른 호미닌은 아직 밝혀진 바가 별로 없어 이름조차 붙이지 못했다. 이 마지막 호미닌은 물건을 쥘 수 있는 마주 보는 엄지발가락이라는 형질이 있는 것으로 보아, 걷고 나무를 오르는 방식이 다른 종과 사뭇 달랐을 것이다. 이 종들을 대표하는 뼈와 이빨은 모두 아파렌시스와 아프리카누스 같은 잘 알려진 종에 들어맞지 않는다.

이쯤 되면 어떻게 이 모든 종이 정말 서로 다르다고 확신하는지 궁금할 것이다. 몇몇 종은 아주 살짝만 다를 뿐 실제로는 같은 종이지 않을까?

답을 들으면 아마 놀랄 것이다. 고인류학자들은 거의 모든 종을 놓고 독자성과 범주를 따지고 정말 다른 종이 맞는지 격렬하게 논쟁한다. 화석 증거가 빈약할 때는 이런 질문에 답하기가 어렵다. 이를테면 케냔트로푸스 플라티오프스는 모두 350만~330만 년 전 것으로 추정되는 이빨 몇십 개, 턱뼈, 머리뼈 조각들 그리고 심하게 일그러진 머리뼈 하나를 근거로 존재를 확인했다. 이 화석들은 같은 시기에 존재한 가장 유명한 종인 오스트랄로피테쿠스 아파렌시스와 구별되는 몇 가지 중요한 특성을 보인다. 그런데 몇몇 고인류학자는 그런 특성을 대수롭지 않게 여겨 케냔트로푸스 플라티오프스 화석이 케냐에 살았던 오스트랄로피테쿠스 아파렌시스 집단을 대표한다고 매우 강력하게 주장한다. 나도 마음만 먹으면 지금까지 발견된 거의 모든 오늘날 호미닌 화석들을 한 폭에 펼치면 인류의 조상이 일직선으로 뻗은 계보가 아니라, 복잡하게 갈라지고 얽히는 복잡한 계통수를 형성하는 것을 볼 수 있다.

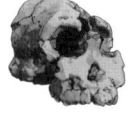

케냔트로푸스
플라티오프스
(Kenyanthropus platyops)

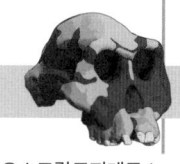

오스트랄로피테쿠스
아파렌시스
(Australopithecus afarensis)

아르디피테쿠스
라미두스
(Ardipithecus ramidus)

오스트랄로피테쿠스
아프리카누스
(Australopithecus africanus)

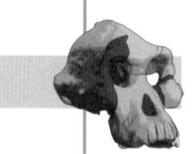

오스트랄로피테쿠스
아나멘시스
(Australopithecus anamensis)

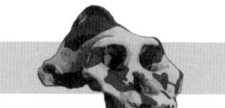

파란트로푸스
에티오피쿠스
(Paranthropus aethiopicus)

400만 년 전　　　　　　**300만 년 전**

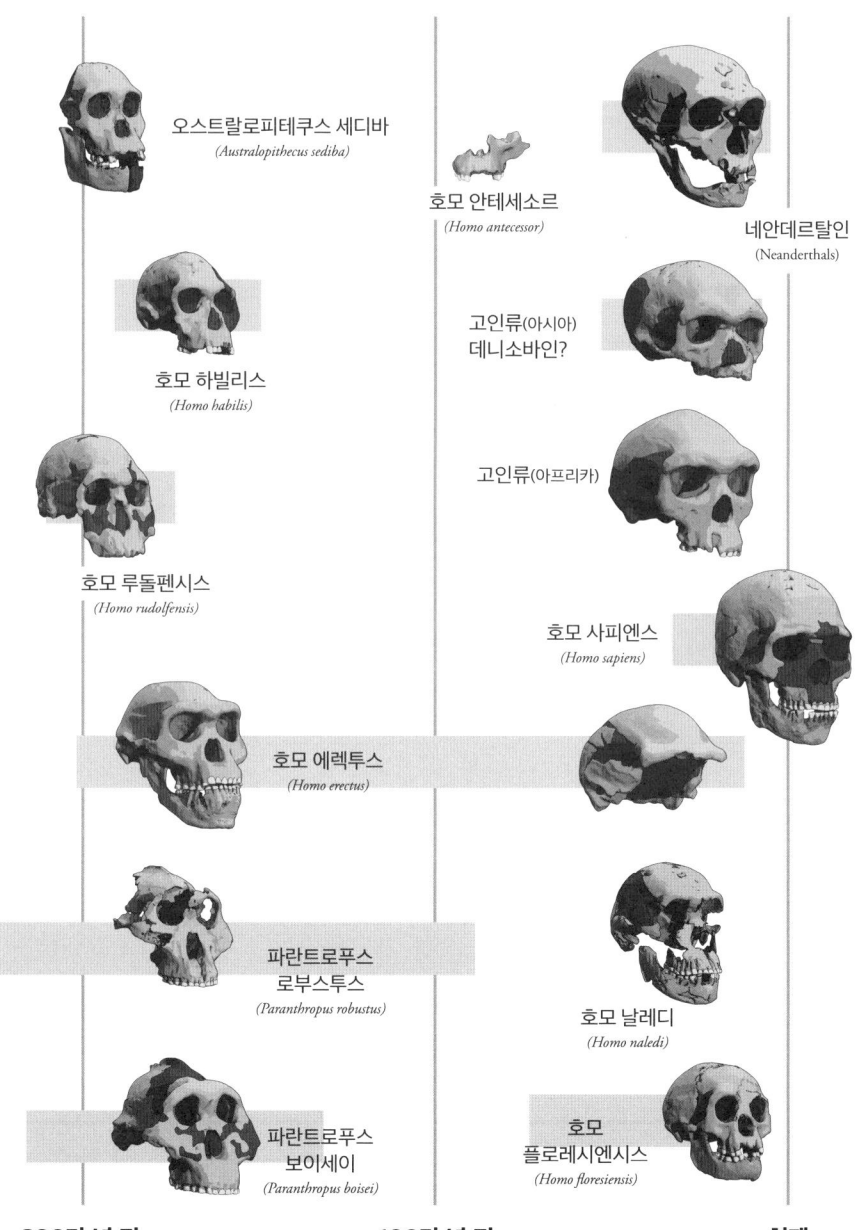

종에 이런 이견을 제시할 수 있다.

⁂

우리는 종의 다양성이 발달했던 과정을 여러 화석의 차이를 연구함으로써 파악하려 한다. 이때 눈여겨볼 사항은 여러 집단이 공통 조상에서 분기한 시점, 이들이 쌓아온 다양한 유전적 변이, 다른 개체군과 교배해 새로운 유전자를 얻었을 가능성이다. 만약 우리가 과거로 돌아가 이 호미닌들을 지켜본다면 이들이 서로 조금씩 다른 서식지를 선호하고, 다른 먹거리를 찾고, 꽤 눈에 띄게 다르게 행동하는 모습을 보게 될 것이다. 이들은 모두 가까운 근연종이었지만 이들은 200만 년이 넘는 시간 동안 여러 갈래로 갈라져 진화했다.

이런 근연종이 서로 얼마나 다를 수 있는지 알고 싶다면 현생 영장류를 살펴보면 된다. 현생 침팬지와 보노보는 200만 년 전 공통 조상에서 갈라졌지만, 지금은 사회 체계뿐만 아니라 몸의 해부학적 구조도 눈에 띄게 다르다. 오늘날 아프리카 대륙 전역에 사는 개코원숭이 여섯 종은 모두 약 200만 년 전 공통 조상에서 진화했는데, 행동 습성, 먹이, 몸의 모양은 상당히 비슷하면서도 사회적 행동, 털의 무늬와 색, 몸집, 해부학적 구조는 여러모로 다르다. 이따금 일어난 이종 교배를 포함해 이런 종 사이의 상호 작용과 역사 그리고 지난 50만 년 사이 존재한 화석인류에 관해 이제는 DNA가 많은 이야기를 들려준다. 하지만 오스트랄로피테쿠스처럼 아주 오래된 화석인류에게서 우리가 활용할 수 있는 것은 뼈의 모양뿐이다.

가장 먼저 존재했다고 알려진 오스트랄로피테쿠스의 화석은 호미닌 계통수가 생겨난 지 짧게는 200만 년, 길게는 400만 년 뒤에 만들어진 것으로 추정된다. 엄청나게 긴 기간이지만 이 시기에 속하는 호미닌의 화석은 매우 드물다. 현장 연구자들이 이 시기에 속할 것으로 보이는 다른 화석인류 네 종을 발견했는데 하나같이 오스트랄로피테쿠스와 매우 다르다. 네 종 모두 현존하는 대형 유인원보다 송곳니가 작고, 화석으로 보건대 두 발로 서거나 걷는 능력이 현생 영장류보다 더 뛰어났던 것 같다.

이 가운데 우리가 아주 잘 아는 종은 아르디피테쿠스 라미두스(Ardipithecus ramidus)다. 이 종의 화석은 대부분 440만 년 전 것으로, 가장 먼저 나타난 오스트랄로피테쿠스 종인 아나멘시스보다 연대가 겨우 20만 년 앞설 뿐이다. 게다가 이들의 화석이 발견된 에티오피아의 바로 그 지역에서 아나멘시스와 아파렌시스도 발견되었다. 하지만 아르디피테쿠스 라미두스는 나중에 출현한 오스트랄로피테쿠스 종들과 뚜렷이 달랐다. 이들의 마주 보는 엄지발가락, 긴 팔, 기다란 손가락, 짧은 엄지손가락을 보노라면 보노보가 떠오를 것이다. 이들은 오스트랄로피테쿠스보다 어금니와 작은어금니가 작고 에나멜질이 얇다. 해부학적 구조가 현존하는 대형 유인원과 매우 비슷해 몇몇 과학자는 아르디피테쿠스 라미두스가 사실은 침팬지족이나 멸종된 다른 유인원에 속하지 않을까 생각했다.

그런데 아르디피테쿠스는 오스트랄로피테쿠스와 꽤 많은 특성을 공유한다. 머리뼈바닥과 골반 모양으로 보건대 장시간 척추를 꼿꼿이 세울 수 있었고, 송곳니가 현대 영장류 대다수보다 약간 작다. 간단히 말해 아르디피테쿠스 라미두스는 직립 보행 생활을 시험 중인 유인원처럼 보인다. 우리 호모속의 여러 초기 종이 바로 이런 모습이었을 것이다.

아르디피테쿠스 라미두스보다 더 일찍 존재했던 화석인류는 훨씬 알쏭달쏭하다. 110만 년 앞섰던, 즉 약 550만 년 전 존재했던 아르디피테쿠스 카다바(*Ardipithecus kadabba*)를 대표하는 화석은 겨우 세 개뿐으로 이빨이 몇 부분에서 라미두스와 사소하게 달랐다. 약 600만 년 전 케냐 서부에 살았던 오로린 투게넨시스(*Orrorin tugenensis*)는 이들을 대표하는 넙다리뼈 조각 세 개가 대형 유인원의 것과 살짝 다른 것으로 보아 더 자주 두 발로 섰던 듯하다. 화석인류 중 가장 먼저 출현한 종은 700만 년 전 아프리카 중앙, 오늘날 차드 호수 근처에 살았던 사헬란트로푸스 차덴시스(*Sahelanthropus tchadensis*)다. 대표 화석은 머리뼈 하나와 넙다리뼈 일부인데 이들이 어떻게 이동했는지, 완전히 다른 종이라 할 수 있는지는 학자들마다 의견이 갈린다.

리와 나는 오스트랄로피테쿠스보다 먼저 나타난 이런 초기 화석인류가 영장류의 한 가지인 우리 호미닌이 어떻게 출현했는지 이해할 충분한 증거가 된다고 생각하지 않는다. 어쩌면 이들 모두 초기 인류와 공존하다 멸종한 유인원 집단에 속할지도 모른다. 직립 보행이 한 번에 일어난 사건이 아니었을지도 모른다. 우리의 이동 방식은 나무를 보금자리 삼고 숲이 내어주는 것을 먹고 산 생명체가 수백만 년 동안 진행한 실험으로 생겨났다. 오스트랄로피테쿠스를 포함해 두 발로 걸은 고생인류가 왜 오랫동안 존재했는지는 지금도 정확히 알지 못하지만, 단언컨대 이들의 행보는 일직선으로 뻗은 진보의 행진이 아니었다! 인류의 초기 진화 단계는 분명히 우리 계통을 대형 유인원과 구분하는 중요한 과정이었다. 하지만 복잡한 과정이기도 했다. 그러니 우리가 알아야 할 것이 여전히 아주 많다.

＃

인류 진화사의 후반부, 후기 300만 년 동안에도 많은 등장인물이 무대에 올랐다가 사라지는 한 편의 드라마가 펼쳐졌다. 날레디와 관련한 발견을 포함해 이 책에서 소개하는 사건들은 이 드라마가 거의 끝나갈 즈음인 마지막 몇십만 년 동안 일어났지만 그 뿌리는 훨씬 깊다. 우리가 속한 호모속(사람속)은 300만~200만 년 전 어느 시점에 생겨났다. 오스트랄로피테쿠스처럼 호모속에도 많은 종이 있고 모두 한 조상 종에서 비롯했다. 내가 학생일 때는 호모속의 발생을 도구 사용, 사람에 가까운 이빨과 식생활, 어떤 초기 호미닌보다도 큰 뇌가 관련된 중대한 사건으로 보았다. 그래서 가장 먼저 출현한 호모속을 찾고자 모든 뼛조각과 이빨을 평가해 우리 모두의 조상을 대표하는지 확인했다. 오늘날에는 우리 팀을 포함해 여러 탐사단이 찾아낸 새로운 증거 덕분에 과학자들이 호모속의 발생이 정말 우리가 흔히 상상했던 대변혁이었는지 의문을 제기하고 있다.

＃

증거로 보건대 초창기 호모속은 조연일 뿐이었다. 아프리카에서 나온 호미닌 화석은 호모속보다 다른 속에 속하는 것이 훨씬 많다. 이 가운데 가장 번성한 속은 파란트로푸스속(Paranthropus)으로 이 계통의 종은 어금니와 작은어금니가 오스트랄로피테쿠스에 견주어 두 배나 될 만큼 대단히 컸다. 파란트로푸스 보이세이(Paranthropus boisei)와 파란트로푸스 로부스투스(Paranthropus robustus)는 턱 근육이 매우 발달해 오늘날 고릴라에서 보듯 정수리에 뼈가 화살촉 모양으로 불룩 솟은 시상능sagittal crest이 있었다. 엄청나게 두꺼운 턱뼈로 보아 이빨로 으깨는 힘이 대단했을 것이다. 한때 과학자들은 두 종이 매우 딱딱하거나 질긴 열매, 씨앗, 식물을 먹는 채식을 했다고 추정했지만, 오늘날 발견된 증거는 다른 이야기를 한다. 남쪽 말라위부터 북쪽 에티오피아까지 동아프리카에 퍼져 살았던 보이세이는 파피루스처럼 질긴 풀의 식용 부위를 씹어 먹은 듯하다. 하지만 남아프리카공화국에서 발견된 로부스투스는 땅속 덩이줄기와 알줄기, 견과류뿐만 아니라 곤충, 더 나아가 고기도 포함하는 다양한 식생활을 했다.

오스트랄로피테쿠스는 호모속의 초기 종들과도 잠시 공존했다. 이들의 식생활과 서식지는 아프리카 대륙이 점점 더 초원으로 뒤덮이며 바뀌었다. 최근 알려진 오스트랄로피테쿠스 종으로 리의 아들 매슈가 라이징 스타 동굴계에서 그리 멀지 않은 말라파malapa 유적지에서 처음으로 화석을 발견한 오스트랄로피테쿠스 세디바(Australopithecus sediba)는 190만 년 전 생존했고, 초기 종인 아프리카누스, 아파렌시스와 마찬가지로 작은 몸집, 작은 뇌, 직립 보행을 이어갔다. 이들은 갈수록 사바나가 늘어나는 환경 속에서 나무의 영양분이 많은 속껍질을 포함해 숲에서 나는 먹거리를 주식으로 삼은 듯하다. 턱과 이빨이 작아 얼굴이 우리 호모속과 비슷했고, 골반과 손도 사람과 비

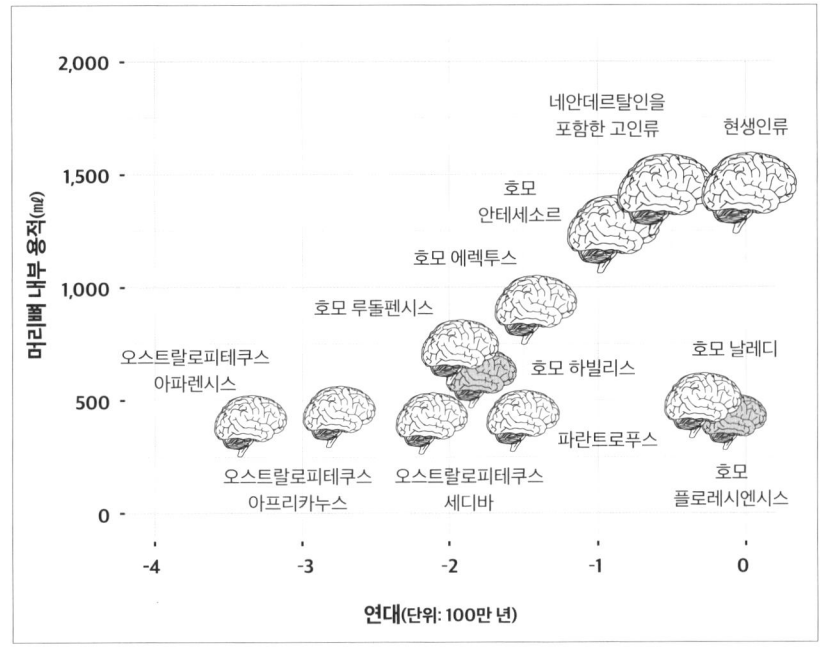

▶ 머리뼈 화석의 내부 부피로 계산한 뇌 크기는 호미닌의 종을 식별하는 주요 인자다.

슷해 보였다. 사실 세디바의 전체 골격은 우리가 아는 어떤 오스트랄로피테쿠스속 종보다도 호모속에 더 가깝다.

 증거에 따르면 이 호미닌들은 모두 도구를 만들고 쓸 줄 알았다. 지금까지 우리가 아는 최초의 석기는 케냐 투르카나 호수 근처에서 나온 약 330만 년 전 뗀석기다. 이 석기가 발견된 로메크위lomekwi 유적지는 같은 연대에 속하는 케냔트로푸스 화석이 발굴된 곳으로도 유명하다. 조금 뒤인 290만 년 전 만들어진 석기가 케냐 빅토리아 호숫가의 유적지에서 발견되었는데, 도축 흔적이 있는 하마 뼈, 파란트로푸스속의 가장 오래된 이빨 화석도 함께 발견되었다. 에티오피아, 케냐, 남아프리카공화국의 여러 유적지에서도 연대가 300만~200만 년 전인 석기와 도축 흔적이 있는 동물 뼈가 더 발굴되었다. 남아프리카공화국의 동굴 유적지에서는 흰개미 굴을 헤집거나 덩이줄기를 파내는 데 썼을 법한 뼈끝을 뾰족하게 다듬은 도구인 골각기骨角器도 발견되었다. 고인류학자들이 파란트로푸스 로부스투스, 오스트랄로피테쿠스 아프리카누스, 오스트랄로피테쿠스 세디바의 손과 손목뼈를 연구해보니 세 종 모두 나무와 뼈를 다룰 능력이 있었다. 이들이 뼈를 쾅쾅 두드려 깨고, 견과류를 부수고, 돌을 탁탁 두드려 날카로운 조각으로 만들기까지 하는 모습이 쉽게 머릿속에 그려진다.

이런 상황에서 호모속이 또 다른 도구 제작자로 무대에 등장했다. 과학자들은 300만~200만 년 전 화석 조각 몇 개가 우리 호모속과 관련한다고 본다. 예컨대 에티오피아 레디-게라루ledi-geraru 유적지에서 발견된 턱뼈 일부는 가장 오래된 호모속 화석으로 연대가 280만 년 전이다. 연대가 거의 200만 년 전인 머리뼈들도 호모속으로 식별된다. 이때부터 다양한 형태의 호모속이 생겨나 뇌와 이빨이 큰 호모 루돌펜시스(*Homo rudolfensis*), 눈구멍 위 눈썹활이 툭 튀어나오고 몸매가 사람과 비슷한 호모 에렉투스, 뇌가 조금 더 큰 오스트랄로피테쿠스처럼 보이는 호모 하빌리스(*Homo habilis*)가 등장했다.

지금까지 내가 언급한 종은 모두 아프리카에서 화석으로 발견되었다. 그런데 시대를 앞당기면 호모속이 다른 곳에서도 살았다는 증거가 나온다. 처음으로 아프리카에서 유라시아로 흩어진 종은 호모 에렉투스였던 듯하다. 이들의 초기 진화를 보여주는 180만 년 전 화석이 조지아 드마니시에서 가장 많이 발견되었다. 몇십만 년 뒤 중국과 인도네시아에도 호모 에렉투스가 출현했다. 이 시기에 홍해 해수면이 낮아진 덕분에 호모 에렉투스가 아프리카를 벗어나 먼 곳까지 걸어서 이동할 수 있었다. 더 이른 시기의 호미닌이 아프리카에서 다른 대륙으로 이동하지 않은 이유는 아무도 확실히 제시하지 못한다. 아니면 호모 에렉투스에 앞서 홍해를 건넌 종이 있다는 화석 증거가 언젠가 발견될지도 모른다. 그런데 오스트랄로피테쿠스와 파란트로푸스 같은 초기 호미닌에 견주어 호모 에렉투스에게는 이주에 확실히 유리한 점이 있었다. 이들은 다리가 길고, 키와 몸무게가 사람과 같고, 서로 협력해 먹잇감을 사냥하고 먹거리를 채집했다. 우리 먼 조상들은 하나같이 이런 특성을 공유했다.

그런데 새로운 곳에서 번성하는 방법이 하나만은 아니었다. 어떤 종들은 호모 에렉투스와 사뭇 다르게 진화해 호미닌의 분포 지역을 한층 더 확장했다. 필리핀 열도와 인도네시아 플로레스 섬은 해수면이 가장 낮았을 때조차 아시아 대륙과 육지로 연결된 적이 없었다. 그런데도 호미닌이 100만 년 전 플로레스 섬에 도착했고, 70만 년 전에는 필리핀 열도 북쪽의 루손 섬에 도착했다. 이를 뒷받침하는 초기 증거는 석기에서 나왔다. 두 곳에서 발견된 화석 유골은 연대가 훨씬 늦어, 가장 늦은 것은 15만 년 전을 넘지 못한다. 각각 호모 플로레시엔시스*(Homo floresiensis)*와 호모 루소넨시스*(Homo luzonensis)*로 명명된 두 종 모두 이빨과 몸의 크기가 현생인류보다 훨씬 작았고, 그래서 특별히 호모 플로레시엔시스에게는 '호빗'이라는 별명이 붙었다. 이 종들을 대표하는 골격은 호모 에렉투스보다 훨씬 작은 뇌에 큰 발이 결합한 모습이다. 어떤 학자들은 두 종이 오스트랄로피테쿠스나 호모 하빌리스에서 진화했다고 주장하지만 호모 에렉투스의 초기 개체군에서 진화했을 가능성도 있다.

호모 에렉투스는 아주 오랫동안 생존해서 최근 인도네시아에서 발견된 화석의 연대가 겨우 10만 년 전이었다. 하지만 이런 상황이 계속 이어지지는 않았다. 지구 다른 곳에서 새로운 종이 생겨났기 때문이다. 거의 100만 년 전 아프리카에 뇌가 더 큰 초기 인류가 나타났다. 유럽에서는 80만 년 전 호모 안테세소르*(Homo antecessor)*가 나타났다. 이때부터는 DNA 증거가 경과를 알려줄 수 있다. DNA 증거에 따르면 약 70만 년 전 한 조상 개체군에서 세 계통의 고생인류가 갈라져 나왔다. 그중 계속 아프리카에 머물던 한 계통이 마침내 오늘날 우리가 호모 사피엔스로 인식하는 인류로 진화했다. 다른 두 계통은 선조들이 모여 살던 곳에서 빠르게 벗어나 유라시아로 건너간 뒤 한 무리는 서쪽으로, 다른 한 무리는 동쪽으로 향했다.

서쪽으로 향한 무리를 우리는 네안데르탈인이라 부른다. 초기 호미닌의 전체 계통수에서 가장 널리 알려진 종일 네안데르탈인은 45만~4만 년 전 동서로는 우즈베키스탄에서 스페인까지, 남북으로는 이스라엘에서 폴란드까지 널리 퍼져 살았다.

동쪽으로 향한 무리는 정체가 더 아리송하다. 이들은 러시아 데니소바 동굴에서 처음 뼛조각이 발견되어 데니소바인으로 알려졌다. 2010년 이들의 DNA를 복원했지만, 얼마 안 되는 뼛조각 화석에서만 DNA가 확인되었을 뿐 머리뼈나 다른 골격에서는 확인되지 않아 지금도 고인류학자들이 이 개체군이 언제 어디서 살았는지를 포함해 더 많은 정보를 파악하고자 계속 연구 중이다. 중국에서 발견된 70만~40만 년 전 풍부한 화석 기록은 뇌 크기, 눈썹활, 몸매가 네안데르탈인이나 아프리카 고인류와 비슷한 개체군을 가리킨다. 이들의 DNA를 분석하면 데니소바인의 DNA가 확인될지도 모르겠다.

지리적으로 구분되는 이 세 개체군(네안데르탈인, 데니소바인, 아프리카 고생인류)은 생존하는 동안 유전적 차이를 키우기도 했지만, 서로 유전자를 교환하기도 했다. 이는 아프리카 고생인류와 네안데르탈인 사이에 가장 크게 일어났다. 네안데르탈인은 데니소바인과도 유전자를 교환했다. 두 종은 훨씬 더 다양한 고생인류, 이를테면 호모 안테세소르나 호모 에렉투스에게서도 유전자를 받았을 것으로 보인다. 이 때문에 당연하게도 오늘날 많은 사람이 이런 고생인류의 DNA 일부를 갖고 있다. 분리와 이종 교배 모두 우리 여정의 한 자락이었다.

이런 이종 교배 능력으로 보건대, 이 고생인류들은 모두 서로 소통하고 다른 문화를 배울 줄 알았다. 고고학 기록이 뒷받침하듯 이들이 도구, 동물 뼈, 거주지 같은 물리적 흔적을 남긴 행동들이 여러모로 비슷했다. 이들 모두 불을 사용했고, 정교한 뗀석기를 사용하는 풍습을 유지했고, 커다란 포유류를 먹잇감으로 사냥했고, 다양한 야생 열매와 씨앗, 식용 식물을 채집했다. 때로는 조가비로 장신구를 만들어 몸에 걸치고, 붉은색을 내는 오커ocher 같은 광물을 천연 안료로 사용했다. 생김새는 당연히 달랐지만 이들의 정신은 매우 비슷했던 듯하다.

나는 인류학에 발을 들인 처음 15년 동안 현생인류가 아프리카와 유라시아의 고생인류와 어떻게 연결되는지 파악하는 데 많은 시간을 쏟았다. 고인류학자들이 '현생인류'라 부르는 우리 개체군이 부상하기 시작한 곳은 분명 아프리카다. 아프리카인들은 오늘날 어느 지역 사람보다 유전적으로 더 다양하고, 이 다양성은 30만 년 전 처음 출현했다. 오늘날 유라시아와 오세아니아 전역에 사는 사람들은 아프리카인보다 유전적 다양성이 떨어진다. 이들은 겨우 10만 년 전 한 조상 개체군에서 갈라졌고, 그런 창시 병목 현상・founding bottleneck이 이들의 게놈(유전체)에 그대로 새겨져 있다. 오늘날 미국, 폴리네시아, 또 일부 다른 지역에 사는 사람들은 이들의 게놈에서 드러나듯 훨씬 더 나중에 갈라진 창시 개체군에서 생겨났다.

대다수가 그렇듯 나는 우리의 큰 뇌, 서로 배울 줄 아는 탁월한 학습 능력, 과학 기술이 모두 결합해 우리를 최상위 경쟁자로 만든다고 믿었다. 이런 요인을 제외하면 우리가 지구 곳곳으로 퍼진 이유를 무엇으로 설명할 수 있을까? 우리 먼 친척들을 아우른 여러 갈래의 계통수가 하나의 가지로, 우리 호모 사피엔스로 정리되는 과정을 어떻게 이해할 수 있을까? 다른 형태의 인류인 네안데르탈인, 데니소바인, 호모 에렉투스는 현생인류와 마찬가지로 뇌가 컸고, 아주 오랫동안 우리와 공존했다. 인류의 여정은 진보의 행진이 아니었다. 수십 개의 다양한 멜로디가 등장해 때로는 아름답게 어울리고 때로는 거칠게 부딪히면서 변화를 거듭하다 마침내 몇 가닥의 선율이 단 하나의 곡조로 수렴하는 교향곡이었다.

이것이 라이징 스타에서 일하기 전 내가 품었던 생각이다. 누군가 내게 우리 호모 사피엔스 선조들이 본거지인 아프리카에서조차 혼자가 아니었다

• 기존 개체군에서 새 개체군이 갈라져 나올 때 병목 현상이 일어나 유전자 다양성이 줄어드는 것을 말한다.

고 말했다면 고개를 끄덕였겠지만, 그때 공존한 존재는 또 다른 종의 인간이었다고 생각했을 것이다. '머리뼈 모양은 다르겠지만 (색다른 머리뼈 모양은 인류학자들을 들뜨게 하는 새로운 종의 출현을 알리는 특징이다) 이들의 뇌 크기, 몸집, 생활 방식은 매우 비슷했을 거야. 플로레스 같은 섬에서라면 독특한 종이 홀로 고립된 채 인간과 경쟁하지 않고 진화하는 모습을 금방 떠올릴 수 있어. 하지만 인류 진화의 중심지인 아프리카에서는 그런 일이 불가능했을 거야.'

우리가 라이징 스타에서 발견한 것은 그야말로 놀라움 그 자체였다. 우리 호모 사피엔스 종이 처음 생겨난 시기에 아직 인간이라고는 보기 어려운 새로운 종도 함께 무대에 등장했다. 네안데르탈인과 데니소바인이 첫발을 뗐을 때 호모 날레디는 이미 이 세상에 존재했다. 호미닌 계통수에서 날레디 가지는 호모 에렉투스 가지가 생겨나기도 전에 뻗어나갔을 것이다. 이 모든 일이 어떻게 가능했을까? 이것이 우리가 찾아야 할 답이었다. 실마리는 우리 탐사단의 라이징 스타 탐사 과정에서 등장할 것이다.

이제부터는 다시 리가 이야기를 이어가겠다.

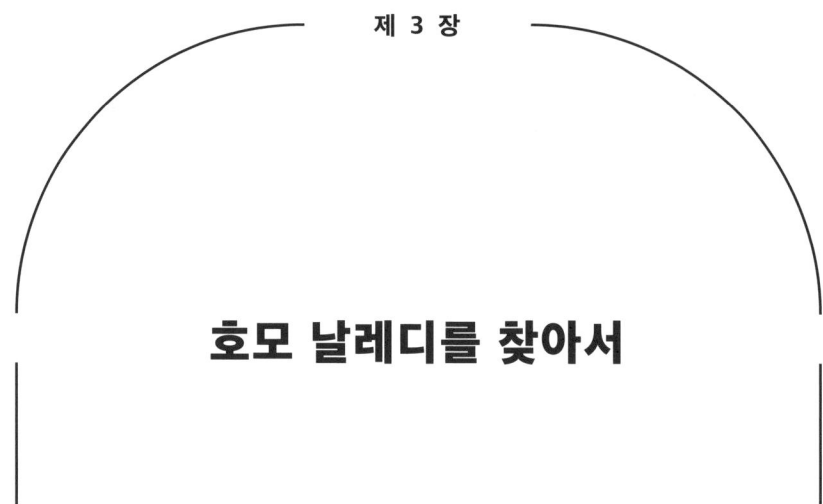

호모 날레디를 찾아서

 아프리카가 인류의 발상지로 알려진 데는 이유가 있다. 오늘날 우리와 가장 가까운 친척은 아프리카 대형 유인원, 즉 침팬지와 보노보, 고릴라다. DNA 유사성으로 보면 침팬지와 보노보에 더 가깝고, 그다음이 동부고릴라와 서부고릴라다. 앞에서 존 호크스가 설명했듯이 오늘날 확인된 증거에 따르면 최초의 호미닌은 아프리카에 살며 진화했다. 증거가 거듭 보여주듯 호미닌 종에 결정적인 진화 실험이 일어난 시기는 이들이 세계 곳곳으로 퍼져나가기 전 아프리카에 머물 때였다.

 그런데 왜 아프리카였을까?

 아프리카는 거대한 규모와 독특한 지리적 위치 덕분에 호미닌이 등장해 번성하기 알맞은 장소가 된다. 무엇보다 적도가 아프리카를 횡단한다. 적도를 따라 남북 양쪽으로 커다란 땅이 펼쳐져 푹푹 찌는 정글부터 건조한 사바나까지 엄청난 생물학적, 지리적 다양성을 제공한다. 비교적 최근 지구에 닥친 빙하기의 악영향도 위치 덕분에 비켜갔다. 아프리카 밖에서는 빙하기 탓에 서식지가 급격히 줄어 수많은 종이 멸종했다. 지구의 다른 지역이 이런 환경 변화에서 회복하는 동안 아프리카는 대규모로 번성해 우리 먼 친척이, 결국에는 우리가 진화할 동력에 연료를 공급했다.

내가 박사 과정 학생으로 고인류학을 연구하기 시작한 1990년대 초, 남아프리카공화국이 진화 관련 학문에 돌파구를 열어줄 중심지로 떠올랐다. 실제로 연구 초기에 내가 찾은 주요 발견물도 라이징 스타에서 몇 킬로미터 떨어지지 않은 글래디스베일 동굴에서 찾아낸 호미닌 이빨 화석이었다. 1930년대 중반 첫 탐사가 시작된 지 반세기 만에 이 지역에서 처음으로 호미닌 화석이 발견되자 글래디스베일 동굴이 새로운 발굴지로 떠올랐다. 그 뒤로 10년 동안 새롭다고 할 중대한 발견은 거의 나오지 않았지만, 이곳은 내 열정과 관심의 대상이 되었다.

그리고 17년 뒤, 나는 중대한 발견이라 부를 만한 사건에 연관되었다. 2008년 글래디스베일 근처 백운석회암 지대에서 화석 유적지를 발견한 나는 당시 아홉 살이던 아들 매슈를 데리고 이곳을 조사했다. 매슈가 어느 암석에서 툭 삐져나온 화석 하나를 찾아내고는 나를 불렀다. 확인해보니 그 뼈를 포함해 같은 각력암층에 있는 다른 뼈 몇 개가 호미닌의 것이었다. 이것이야말로 내게 필요한 돌파구였다. 호미닌 화석은 어마어마하게 드물다. 당시만 해도 그런 발견은 인생에 한 번 있을까 말까 한 일이었다. 우리는 그 유적지를 세소토sesotho어로 '우리 집'을 뜻하는 말라파라고 부르기로 했다.

▶ 오스트랄로피테쿠스 세디바. 2008년 리 버거와 매슈 버거가 발견한 이 종은 오스트랄로피테쿠스속이 아닌 호모속에 더 가까운 특징을 보인다.

그리고 우리 탐사단이 발굴에 들어갔다.

마침내 호미닌의 골격을 머리부터 발끝까지 거의 완벽하게 파악할 수 있는 유골 두 구를 찾아냈다. 이 유골들은 그때껏 발견된 다른 호미닌과 달리 여러 특성이 혼합되어 있었다. 머리뼈와 뇌 크기는 오스트랄로피테쿠스를 닮았는데, 작은 이빨과 턱뼈는 호모 하빌리스나 호모 에렉투스에 더 가까워 보였다. 볼기뼈는 여러모로 우리와 꽤 비슷해 루시를 포함한 오스트랄로피테쿠스속의 다른 종보다 더 넓게 벌어져 있었다. 그런데 어깨뼈와 흉곽은 유인원과 비슷해 팔이 나무타기에 적합하게 길었다. 연대를 측정해보니 두 개체는 약 200만 년 전 이곳에 살았다. 이 종이 호모속과 관련 있을지도 모른다는, 어쩌면 다른 어떤 종보다 호모속에 더 가까울지도 모른다는 생각이 들었지만, 골격이 오스트랄로피테쿠스의 생활 방식에 더 적합해 보였다. 2010년 우리는 '호모속과 비슷한' 이 오스트랄로피테신을 새로운 종으로 발표하고 오스트랄로피테쿠스 세디바라 이름 붙였다.

세디바의 발견은 내 인생을 바꿔놓았다. 우선 연구 계획을 확대할 수 있었다. 게다가 몇 년 전부터 남아프리카공화국에는 새로 발견할 만한 것이 남아 있지 않다고 공언한 몇몇 학자의 주장과 달리 실제로는 말라파 유골처럼 발견을 기다리는 귀중한 화석들이 숨어 있다는 것을, 그것도 바로 우리 눈앞에 있을 때가 숱하다는 것을 증명하는 기회였다.

그 뒤로 몇 년 만에 세디바 프로젝트는 고인류학 역사상 손꼽게 큰 공동 연구로 성장했다. 세계 곳곳에서 달려온 100명 넘는 연구자가 다양한 과제에 참여했다. 이들은 주로 말라파 유적지를 발굴하는 작업과 귀중한 화석 증거를 실험실에서 분석하는 작업에 집중했다. 꼭 로또에 당첨된 기분이었다. 그렇게 완벽한 구조의 유골 두 구를 발견하는 것은 고인류학 역사에서 전례 없는 일이었다.

그러던 2013년, 잇달아 일어난 사건이 다시금 탐사에 불을 붙였다. 말라파 유적지 위로 보호 구조물을 설치하느라 사실상 1년 동안 현장 연구를 중단해야 했을 때였다. 나는 옛 제자인 페드로 보쇼프Pedro Boshoff, 동굴 탐험이 취미인 릭 헌터Rick Hunter 그리고 스티브 터커Steve Tucker에게 말라파 근처의 지하 환경을 탐사해달라고 요청했다. 릭과 스티브는 이런 일에 딱 들어맞았다. 젊었고, 건강하게 마른 체격이었고, 무엇보다 겁이 없었다. 두 사람은 오소리가 먹이를 찾아 굴을 파고 들어가듯 임무를 수행했다. 내가 1990년대 후반 탐사 때 만든 동굴 출입구 지도를 바탕으로 탐사하더니, 인류의 요람 곳곳에 펼쳐진 깊은 지하 굴들에 화석이 작게 노출된 암석이 있다는 소식을 알려왔다. 아직 딱히 놀랄 만한 소식은 없었다.

이들이 마침내 라이징 스타를 탐사하기 시작했다. 라이징 스타는 유명한 화석 유적지인 스테르크폰테인 동굴과 스와르트크란스 동굴 근처에 있는 동굴계로 이미 광범위하게 조사된 곳이었다. 아마추어 동굴 탐험가는 물론이고 과학자까지 이곳을 수백 번이나 탐사했다. 그러니 막다른 시도이기도 했다.

2013년 9월, 릭과 스티브가 라이징 스타에 들어가 이전에 동굴 탐험가들이 그린 지도의 경계를 확인했다. 두 사람은 지하로 30미터를 내려간 뒤 암석이 뾰족뾰족 튀어나온 곳을 기어오르고 아슬아슬한 바위 턱을 간신히 지난 끝에 좁은 틈들을 맞닥뜨렸다. 좁은 틈 아래는 꽉 막혀 보였다. 스티브가 사진을 찍기 위해 자리를 잡다 이런 틈 중 하나에 발이 빠졌는데, 두 발이 아래쪽에 숨어 있던 공간으로 쑥 들어갔다.

"내려간다!"

릭도 스티브를 따라 틈 사이로 발을 디뎠다. 두 사람은 깎아지른 듯한 바위를 따라 거의 수직으로 뻗은 통로를 내려갔다. 12미터를 내려가자 나중에 슈트라고 이름 붙인 통로가 두 사람을 화석이 널려 있는 굴에 내려놓았다. 바닥에 뼈들이 훤히 드러나 있었다. 두 동굴 탐험가가 디날레디 굴을 발견한 순간이었다.

며칠 뒤인 어느 날 밤, 스티브와 페드로가 집으로 찾아왔다. 스티브가 자기 노트북을 열어 굴의 모습을 보여주었다. 이빨이 박혀 있는 호미닌 턱뼈 하나와 바닥에서 튀어나온 둥그스름하고 하얀 무엇. 내 눈에는 호미닌의 머리뼈로 보였다.

이렇게 표면에 노출된 채 놓여 있는 고대 호미닌 유골을 보는 것은 고인류학 역사에 없던 일이었다. 스티브가 이 뼈들을 찾아낸 굴에 들어가는 일이 극도로 어렵다고 말했지만, 내게는 이곳이 보물창고처럼 보였다. 우리가 정말로 뜻하지 않게 또 다른 경이로운 발견에 성공한 것일까?

2013년 11월 초, 우리 탐사단이 라이징 스타 동굴계에 모였다. 예전에 발견한 세디바 화석은 지표면과 가까운 곳에 있었다. 하지만 이번에는 지하 굴이라는 새로운 환경 때문에 아프리카 고고학에서 전례가 없는 새로운 발굴 방식이 필요했다. 발굴자 여섯 명이 동굴로 내려가고, 40명 넘는 단원이 이들을 지원할 예정이었다. 지상 쪽 단원들은 발굴 과정을 관리했다. 동굴에 들어가고 나오는 사람들을 추적하고, 연구를 위해 가져오는 모든 화석을 목록으로 작성했다. 단원 한 명이 구급 대원 역할을 하며 혹시라도 누군가가 다칠 상황에 대비해 현장을 지켰다. 현지 동굴 탐사 동호회에서 나온 자원 봉사자들이 지면에 있는 탐사단과 깊고 위험한 공간에서 작업하는 발굴자

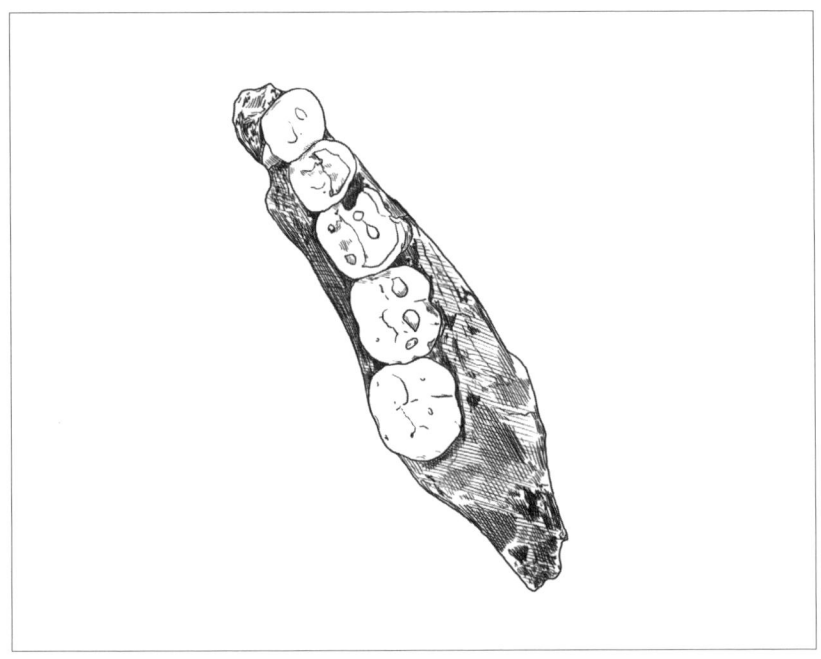

▶ 이빨과 함께 발견된 턱뼈의 모습이다. 라이징 스타 동굴계에서 발굴한 첫 화석으로, 이는 앞으로 이어질 놀라운 발견의 시작에 불과했다.

들이 원격으로 통신할 수 있도록 동굴에 전력, 조명, 카메라를 설치했다. 현장에서 화석을 수습하면, 탐사단 소속 과학자들이 보존 처리를 하고 관련 자료를 기록했다. 나는 지휘 본부라고 이름 붙인 텐트에 자리를 잡은 채 지하에서 일어나는 모든 상황을 모니터로 지켜보고, 동굴로 들어간 탐사 단원들과 인터콤 마이크로 발굴을 논의할 수 있었다. 무척 흥분되는 역할이었지만 동시에 좌절이기도 했다. 동굴에 직접 들어가고 싶은 마음이 굴뚝같았지만 어림도 없는 일이었다. 내 몸이 그 좁은 통로들을, 특히 슈트를 절대 통과하지 못할 것을 그 누구보다 내가 잘 알았다.

우리가 가장 먼저 발굴한 것은 스티브가 노트북으로 보여주었던 턱뼈였다. 직접 손으로 들어보니 사진을 통해 예상했던 것보다 더 작았다. 두꺼운 턱에 둥그스름하고 납작한 어금니들이 박혀 있었다. 이 특징들은 남아프리카공화국의 다른 유적지에서 발견된 초기 종인 파란트로푸스 로부스투스에 어울려 보였다. 그런데 이빨은 오늘날 인류의 것보다 아주 살짝 컸다. 로부스투스의 이빨은 대체로 우리보다 두 배는 더 크다.

우리는 서로 다른 개체에서 나온 오른쪽 넙다리뼈 두 개도 발견했다. 달리 말해 이 굴에 유골이 적어도 두 구는 있다는 뜻이었다. 이 넙다리뼈들은 오스트랄로피테쿠스, 파란트로푸스 같은 초기 고생인류와 비슷한 특징을 보였지만, 발굴한 광대뼈 하나와 머리뼈 조각 하나는 호모 에렉투스 같은 더 최근의 고생인류를 암시했다. 뼈를 더 많이 발굴할수록 지난날 다른 시기에 존재했던 여러 고생인류와 비슷한 특징이 나타나 발굴물의 전체 해부학적 구조가 복잡하게 꼬였다. 게다가 손뼈는 알려진 어떤 호미닌 종의 것과도 닮지 않았고, 길고 가늘고 강인한 엄지손가락이 사람처럼 가는 손목에 연결되어 있었다.

그런 와중에 가장 큰 발굴물이 가장 큰 수수께끼를 던졌다. 우리 발굴팀이 굴 바닥에서 머리뼈 조각을 파내기 위해 붓으로 흙을 털어내고 주변을 플라스틱 숟가락으로 긁어내자 이미 드러난 머리뼈 주변으로 뼈와 뼛조각들이 복잡하게 놓여 있었다. 발굴자들이 머리뼈 바깥쪽 표면을 파내니 서로 다른 방향으로 놓인 다리뼈, 팔뼈, 손뼈, 발뼈가 드러났다. 우리는 이렇게 뒤엉킨 화석을 '퍼즐 상자'라 부르기로 했다. 퍼즐 상자를 발굴하는 것은 아무렇게나 던져놓은 막대기 더미에서 다른 막대기는 움직이지 않고 원하는 막

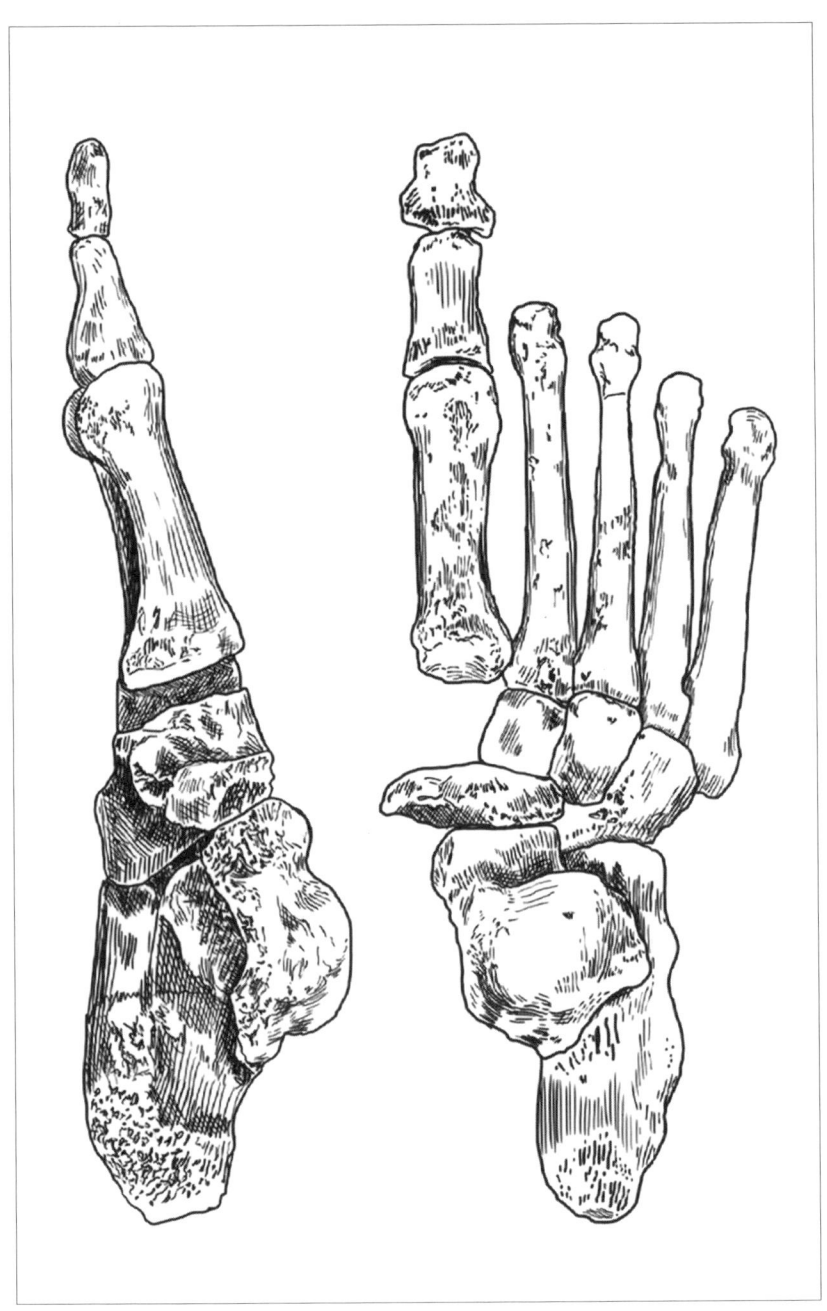

▶ 복원한 호모 날레디의 발로 엄지발가락이 살짝 구부러진 것만 빼면 사람 발과 비슷해 보인다.

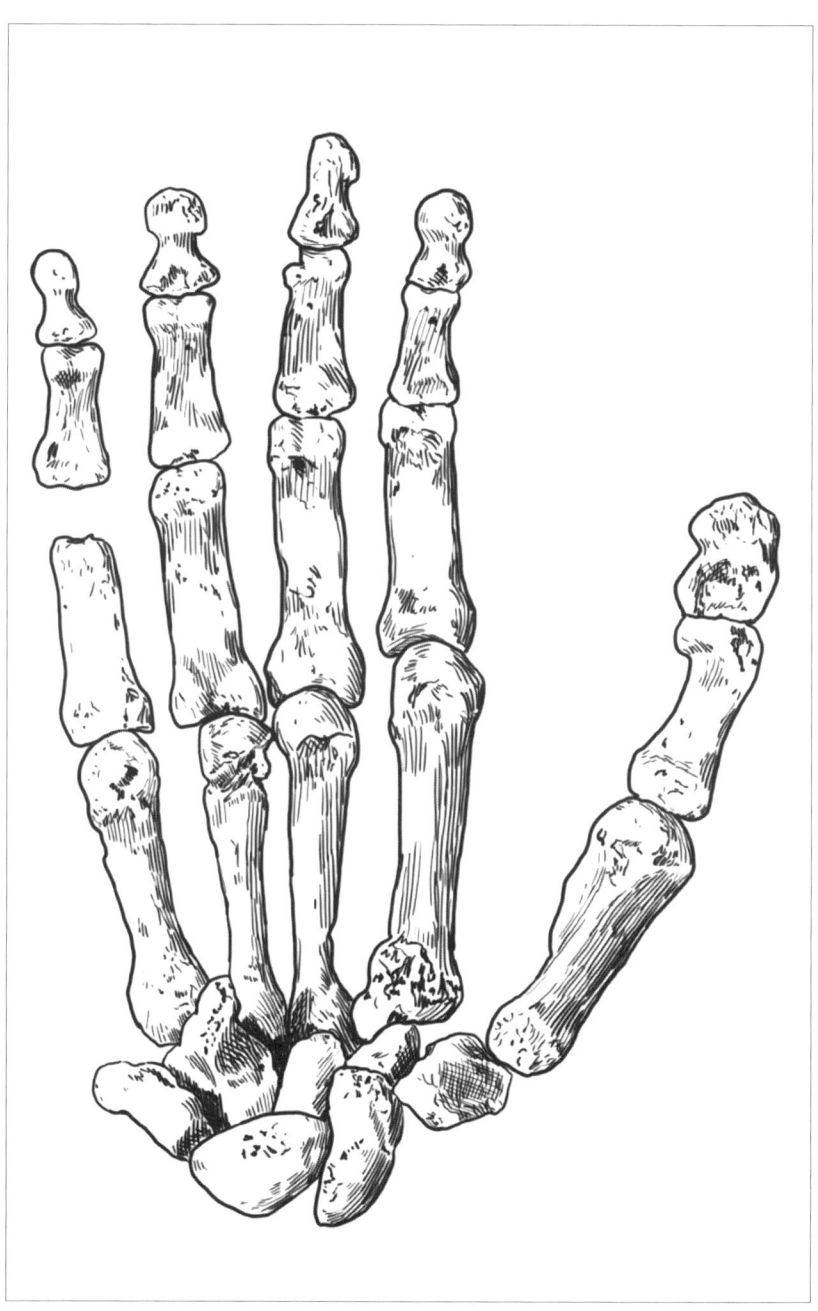

▶ 다양한 화석 뼈로 복원한 호모 날레디의 손으로 사람과 비슷한 손목뼈와 손바닥뼈 옆으로 길쭉한 엄지손가락이 보인다.

대기만 하나씩 빼내야 하는 놀이인 픽업스틱pick-up stick의 고난도 버전 같았다. 발굴팀이 '퍼즐 상자' 주변의 흙을 모두 파내자 흔히 쓰는 여행 가방 크기만 한 곳에 화석 유골이 빽빽이 쌓여 있었다.

퍼즐 상자처럼 뒤섞여 있기는 했지만 내용물 일부는 알아보기 쉽게 배열되어 있었다. 퇴적물에 파묻히기 전 서로 연결되어 있었는지 발목뼈들이 정강뼈, 종아리뼈와 함께 놓여 있었다. 척추뼈 두 개와 갈비뼈 하나도 살아 있을 때 연결되어 있었던 듯이 관절로 이어져 있었다. 머리뼈 일부와 근처의 아래턱뼈도 마찬가지였다. 넙다리뼈 하나가 퇴적물을 거의 수직으로 뚫고 나와 있는 것으로 보아 이 뼈는 다른 뼈보다 먼저 놓였을 것이다. 따라서 퍼즐 상자 속 뼈 무더기는 아무렇게나 던져놓은 것이 아니었다.

디날레디 굴을 발굴한 지 겨우 3주 만에 우리는 1,000개가 넘는 뼈와 뼛조각을 발굴했다. 게다가 표면에서 찾아낸 올빼미 한 마리의 뼈 몇 개와 설치류 몇 마리의 뼈 몇 개를 빼면 모든 화석이 호미닌 뼈로 보였다. 이런 발굴지는 전례가 없었다. 인류의 요람에 있는 유적지에서 발견된 화석 중 호미닌 뼈의 비중은 다른 동물에 속하는 뼈에 견주어 대체로 극히 일부였다.

발굴은 이듬해까지 이어졌다. 2014년 3월이 되자 '퍼즐 상자'에서 발굴한 뼈들이 해부학적 특징을 확인할 수 있을 만큼 쌓였다. 얼굴뼈와 뇌머리뼈를 포함한 전체 머리뼈 하나, 관절로 완전히 연결된 한쪽 손과 손목, 오므린 손가락들, 관절로 연결된 발 한쪽, 또 다른 머리뼈 일부, 이빨이 모두 남아 있는 어린아이 턱뼈 하나, 달걀 껍데기처럼 얇은 아이의 머리뼈 조각들. 우리가 발굴한 뼈를 모두 모으면 성인과 아이의 골격을 거의 재구성할 수 있었다. 영구치와 젖니도 빠짐없이 모두 있었다. 하지만 우리가 찾아낸 조상이 어떤 종인지는 여전히 아는 바가 거의 없었다. 다른 유적지에서 발굴된 종의 화석과 일치하는 뼈도 있었지만, 우리가 찾아낸 뼈들에는 일관된 특징이 있었다. 손뼈는 손뼈끼리, 발뼈는 발뼈끼리, 이빨은 이빨끼리 모두 비슷했다. 이 화석의 종이 무엇이든 모두 한 종에서 나온 것이 틀림없었다.

2014년 5월, 우리는 화석을 연구할 워크숍을 열었다. 세계 곳곳에서 날아온 과학자들이 이 알 수 없는 종의 상세한 그림을 맞추고, 이 종의 화석을 전체 호미닌의 화석 기록과 비교했다. 유골의 전체 골격은 적잖이 사람과 비슷한 특징을 보였지만, 다른 해부학적 요소는 초기 호미닌과 비슷했다. 화석 기록을 바탕으로 분류한다면 이 종이 현생인류와 함께 호모속에 속하는지, 아니면 인류의 먼 조상을 상징하는 오스트랄로피테쿠스 같은 속에 속하는지 결정해야 했다.

100개 넘게 수집한 발목뼈와 발뼈를 바탕으로, 우리는 이 개체들이 우리처럼 두 발로 걸었다고 확신했다. 인간처럼 엄지발가락이 다른 발가락과 나란히 배열되어 있고 발바닥에 낮은 아치가 있었다. 무릎 관절의 각도가 두 발로 걷는 다른 고생인류와 비슷하고, 네 발로 걷는 영장류와는 사뭇 달랐다. 전체 다리 구조로 보건대 이 새로운 종은 현생인류처럼 걷고 달릴 수 있었다. 가장 온전한 뼈들을 재구성해보니 키 130~160센티미터에 몸무게

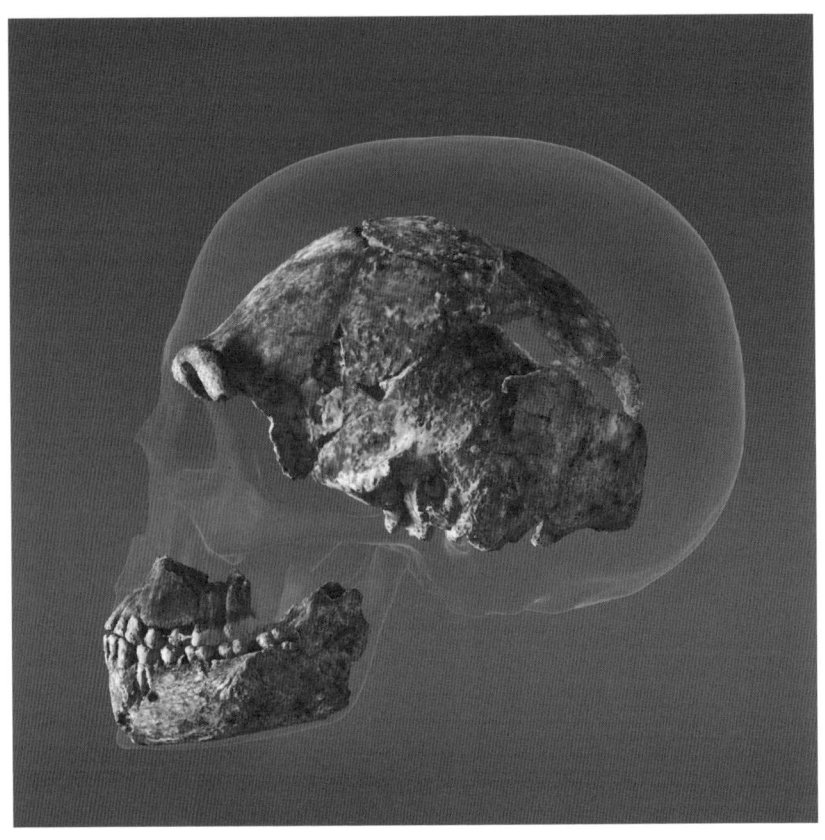

▶ 합성한 날레디 머리뼈를 인간의 전형적인 머리뼈와 비교하면 크기가 현생인류의 절반밖에 되지 않아 날레디의 머리와 뇌가 얼마나 작았는지 알 수 있다.

36~54킬로그램으로 몸집이 작은 현생인류와 비슷한 성체가 그려졌다.

라이징 스타 호미닌은 손도 대체로 사람과 비슷했다. 긴 엄지손가락, 넓은 손가락 끝, 손목뼈로 미루어 보건대 이 호미닌은 물건을 강하게 쥐고 다룰 줄 알았다. 그런데 손가락뼈가 나무를 오르는 영장류처럼 구부러져 있었다. 엄지손가락을 지탱하는 손바닥뼈도 현생인류나 우리가 아는 다른 호미닌 종과 크게 달랐다. 분명히 이 종은 손을 이용해 무언가에 올라갔고 또 도구 사용처럼 섬세한 손동작이 필요한 활동도 했다.

고인류학자는 머리뼈 화석과 이빨 화석으로 화석이 속한 종과 관련한 몇 가지 중요한 정보, 즉 뇌 크기와 식습관을 알아낸다. 그런데 라이징 스타 호미닌의 머리뼈와 이빨은 그런 구분이 어려웠다. 우리가 수집한 머리뼈는 뇌 용적이 450~550시시로 인간의 평균 뇌 용량에 견주어 3분의 1에 그쳤다. 이 정도면 호모 하빌리스와 호모 에렉투스보다도 적고, 오스트랄로피테쿠스와 가장 비슷했다. 그런데 이빨, 특히 첫째 큰어금니, 송곳니, 앞니는 크기가 인간의 것과 정확히 같았다. 이로 보건대 이들의 식습관은 인간과 비슷했을 것이다.

독특한 조합이었다. 작은 뇌 크기로 보면 새로 등장한 이 화석이 세디바처럼 오스트랄로피테쿠스 종일 가능성이 있었다. 그런데 이 화석은 분명히 세디바가 아니었다. 세디바는 이빨 크기와 손의 형태에서 사람과 비슷하지만, 이 종은 소근육 운동이 가능한 손 구조, 발 구조, 다리 구조, 머리 모양에서 훨씬 사람에 가까웠다. 뇌 크기가 호모속 평균보다 작았지만, 해부학적 구조로 보건대 라이징 스타 호미닌은 사람과 비슷한 방식으로 주변 환경과 영향을 주고받았다.

결국 우리는 우리 인간처럼 걷고 손과 팔로 무언가를 오를 수 있고 나중에 도구를 만드는 호미닌의 특징인 소근육 운동 기능이 있는, 과학계가 처음 보는 새로운 호모속 종을 발견했다고 결론지었다. 그런데 이 종은 다른 조상에 견주어 상대적으로 키가 크고 말랐으면서도, 근육 흔적과 관절 크기로 볼 때 힘이 센 이상한 존재였다. 다리가 긴 이 꺽다리의 몸 위에 뇌가 현생 침팬지보다 살짝 큰 자그마한 머리가 있었다. 체형이 조금은 못을 닮은 이 존재를 호모속으로 분류함으로써, 우리는 과학자 대다수가 호모속에서 받아들일 수 있다고 생각한 뇌 크기의 하한을 무너뜨렸다. 하지만 오스트랄로피테신이 유인원에 더 가까운 적응을 보인 것과 달리, 라이징 스타 호미닌의 신체가 환경에 적응한 방식은 전반적으로 다른 호모속 종과 같은 방향을 가리켰다. 그러므로 우리는 이 종이 호모속에 속해야 한다고 결론지었다.

라이징 스타 호미닌을 다른 종과 구분하려면 고유한 이름이 필요했다. 우리는 종 이름을 이 호미닌이 발견된 라이징 스타 동굴계와 연계하고자 세소토어를 사용하기로 했고, '별'을 뜻하는 단어인 날레디를 이름으로 붙이기로 정했다. 그리고 날레디 화석을 찾아낸 굴의 이름은 '별이 많은 굴'이라는 뜻의 디날레디로 지었다.

제 4 장

세상, 날레디를 만나다

2015년 9월, 우리는 마침내 날레디의 연구 결과를 학술지 〈이라이프eLife〉에 발표했다. 제목은 단순하게 '호모 날레디, 남아프리카공화국 디날레디 굴에서 발견한 새로운 호모 종Homo naledi, a New Species of the Genus *Homo* From the Dinaledi Chamber, South Africa'이었다. 반응은 엇갈렸다. 수많은 언론이 즉시 기사를 보도했다. 과학계는 발견 규모에 깊은 인상을 받았고, 최소 15구에 해당하는 화석에서 얻은 증거가 새로운 종을 선언하기에 충분하다고 대부분 인정했다. 하지만 몇몇 과학자는 이빨로 보건대(그러면서도 나머지 머리와 골격은 무시한 채) 날레디가 사실은 '원시 단계'의 호모 에렉투스일 뿐이라며 새로운 종으로 지정하는 데 공개적으로 반대했다. 이 주장의 근거는 종 분류에서 중요한 것은 오로지 이빨뿐이라는 원칙이었다. 그런데 이는 아프리카에서 발견된

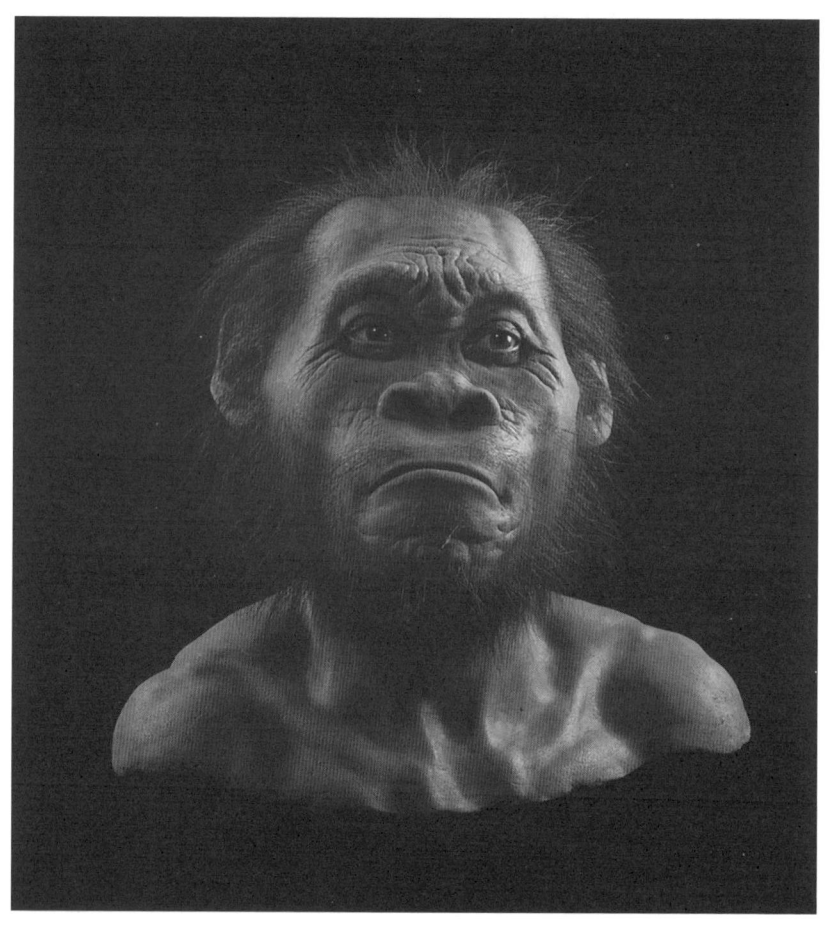

▶ 고생물 예술가 존 거치John Gurche가 라이징 스타에서 발견된 화석 정보를 이용해 만든 호모 날레디의 흉상이다.

호미닌의 화석 기록에 다른 골격 부위가 거의 없었던 탓에 생겨난 시대에 뒤떨어진 사고방식이었다. 우리 분야에서 머리뼈 아래쪽 뼈인 뒷머리뼈 유골이 많이 발견되는 경우가 드물었지만, 우리에게는 날레디의 뒷머리뼈가 많아 연구에 활용할 수 있었다.

다른 학자들은 우리가 디날레디 굴 유물군을 의도적 시신 처리의 예로 해석한 것을 비판했다. 과학자 대다수는 뇌가 큰 호미닌, 달리 말해 현생인류와 네안데르탈인만이 죽음과 관련한 의식을 수행할 지적 능력이 있다는 견해를 굳게 고수했다. 2015년에는 이 견해가 우리 연구 분야의 기본 원칙이었다고 말해도 무방하다. 이 견해에 따르면 죽음의 영속성을 인지하고, 죽은 사람을 일관되게 다루는 의미 있는 방식인 '망자 안치식 mortuary practice'을 치르는 것 같은 꽤 복잡한 행동은 큰 뇌가 있어야 가능했다. 날레디는 뇌가 작으니 그런 행동을 수행할 지적 역량이 있을 수 없었다.

어떤 사람들은 우리가 이렇게 망자 안치식이라는 해석을 덧붙이는 바람에 그토록 많은 화석을 찾아낸 대발견을 '망쳤다'라고까지 주장했다. 하지만 우리는 증거로 볼 때 다른 결론을 내릴 수 없다는 생각이 강했고, 그래서 뇌가 작은 호미닌이 죽음과 관련한 의식을 치르고 이 외진 굴에 동족의 시신을 처분했다는 주장이 과감하다는 것을 알면서도 견해를 굽히지 않았다. 그래도 '의식'이라는 단어는 반복되는 행위만을 가리키도록 매우 신중하게 사용했다. 또 매장과 관련한 단어, 즉 날레디가 라이징 스타에 들어가 구덩이를 파고 그 안에 시신을 안치했다고 암시할 만한 단어는 모두 피했다. 날레디가 불을 사용했다는 증거를 찾지 못했고, 빽빽이 쌓인 뼈 유물군을 디날레디 굴의 전체 지면 아래에 있는 유골층으로 해석했으므로 어떤 설명을 붙여도 논란의 여지가 있을 수 있는 '매장'이라는 용어는 피했다.

어떤 사람들은 우리가 날레디의 연대를 추정하지 않고 발견을 공표하기로 한 결정을 문제 삼았다. 발굴물이 굴 바닥과 그 아래 얕은 표층에서 발견되었는데, 당시에는 이런 발굴물의 연대를 정확히 추정할 방법이 없었다. 그래도 해부학적 구조를 보면 수백만 년 전으로 추정할 수 있으므로, 우리는 이 새로운 종을 발표할 때 연대를 밝히지 않고 해부학적 구조만을 근거로 설명하기로 했다. 연대를 화석과 관련한 가장 중요한 정보라 여긴 전 세계의 많은 동료가 보기에는 과격한 결정이었다. 고생인류 개체가 살았던 **시기**를 알아내는 것이 개체의 진화에 영향을 끼쳤을 환경과 개체들을 연결하는 방법이기는 해도 전부는 아니다. 인류의 계통수에서 어떤 종의 위치를 이해하는 데 가장 중요한 것은 해부학적 구조다.

그래도 연대는 중요하다. 우리 모두 그 사실을 알았으므로 이 종이 살았던 시기를 알아낼 방법을 찾는 난제에 도전했다. 방사성탄소 연대측정법 같은 오래된 연대 측정 기술을 이용하기 시작했지만, 약 5만 년 전까지만 측정할 수 있는 이 방법이 과연 쓸모가 있을지 의심스러웠다. 해부학적 구조로 볼 때 날레디는 수천 년 전이 아니라 수백만 년 전 종이었지만 우리는 거의 의무감으로 화석 몇 개에 방사성탄소 연대측정법을 적용했다.

초기 분석 결과 하나가 우리를 충격에 빠뜨렸다. 날레디 뼛조각 세 개로 방사성탄소 분석을 진행한 연구소가 그중 두 개의 연대가 3만 5,000년 전을 넘어가지 않는다고 말했다. 연구소는 이 결과를 그다지 확신할 수 없다는 뜻을 내비쳤다. 뼈 샘플의 화학 성분이 화장한 뼈의 샘플과 비슷해 보였기 때문이다. 처음에 우리는 이 결과를 어떻게 해석해야 할지 몰랐다. 어찌 보면 이 결과는 방사성탄소 연대측정법이 뼛조각 자체가 아닌 탄소의 원천이 일으킨 오염을 반영했을 것 같은 시대 범위에 가까웠다. 달리 보면 이것이 결과이기도 했다. 날레디의 뼈가 정말 누구도 예상하지 못한 최근 것일 가능성이 있을까? 우리는 다른 연대측정법에 근거한 보고서를 기다렸다.

이 문제를 풀고자 모두 여섯 가지 방법을 적용했다. 우리는 뼈뿐만 아니라 뼈가 놓여 있던 환경의 연대도 측정하고 싶었다. 연대측정법은 대개 암석에만 효과가 있었지만 적어도 전자스핀공명electron spin resonance, ESR 연대측정법만큼은 호미닌 이빨에 직접 적용할 수 있었다. 초기 결과는 조금 넓게 분산되어 나왔다. 날레디 이빨 하나의 연대가 10만 4,000년 전이고 오차 범위가 2만 9,000년으로 나와 다른 두 이빨보다 더 최근 것이었다. 그런데 이 특이한 이빨은 마모가 심해 에나멜이 아주 얇아서, 우리 연대측정팀은 이 결과가 에나멜 보존 상태가 더 나은 다른 두 이빨의 결과보다 덜 정확하다고 보았다. 두 이빨의 연대 측정 결과는 33만 5,000년에서 13만 9,000년 전 사이였다. 우리는 이 중 가장 오래된 33만 5,000년 전을 화석의 최대 연대로 받아들였다.

또 다른 방법인 우라늄계 연대측정법으로 디날레디 굴 근처에 형성된 유석의 연대를 측정하면 방사성탄소 연대측정법의 한계인 5만 년을 넘어서는 결과도 얻을 수 있었다. 디날레디 굴에서 조금 높은 쪽 벽에 생성된 어떤 유석 하나의 바닥에 퇴적물이 약간 붙어 있었는데, 그 안에 큼직한 뼈 하나가 들어 있었다. 이 유석은 동굴에 날레디 화석이 들어온 뒤 만들어진 것이 틀림없으므로, 유석의 연대를 이용하면 화석의 최소 연대를 확정할 수 있었다. 측정 결과, 이 유석은 24만 3,000년 전 것이고 오차 범위는 7,000년 미만이었다. 따라서 화석은 적어도 23만 6,000년 전보다 오래된 것이었다. 이 모든 측정을 바탕으로 우리는 과학적 증거에 근거해 호모 날레디의 연대로 볼 수 있는 정확한 구간을 정했고 라이징 스타 화석의 연대를 33만 5,000년

▶ 날레디 일상의 한 장면을 담아낸 그림으로 호모 날레디가 의도적으로 시신을 처리했다는 주장에 영감을 받아 상상으로 재현했다.

~23만 6,000년 전 사이로 추정했다.

이 연대는 충격이었다. 날레디의 해부학적 구조로 볼 때 놀랍도록 최근이기도 했지만, 아프리카와 인류 진화의 역사 전반에서 중요한 시기에 해당하기도 했기 때문이다. 고인류학자 대다수가 동의하듯 정확히 이 시기에 우리 호모 사피엔스 종이 처음으로 진화했다. 그때까지 연구자 대다수는 호모 사피엔스가 처음 진화했을 때 아프리카에는 다른 인류가 없었다고 가정했다. 그런데 이제 또 다른 종인 호모 날레디가 등장했다. 이 종은 과학자들이 우리 종에만 있는 특성이라고 생각한 수준 높은 행동을 할 줄 알았을까?

이제 우리 앞에는 발표와 함께 한층 더 큰 논란을 부를 연구 결과가 있었다. 연대 때문에 연구 방향이 갑자기 해부학적 해석에서 행동의 영역으로 바뀌었다. 우리는 날레디에게 문화가 있었는지, 있었다면 어떤 문화였는지 알아내야 했다. 날레디는 불을 다루었을까? 도구를 만들어 사용했을까? 그렇다면 그 도구는 어떤 것들이었을까?

더 많은 정보를 알아갈수록 날레디가 어떻게 살았는지 이해하려면 결국 디날레디 굴로 들어가야 한다는 것을 실감했다.

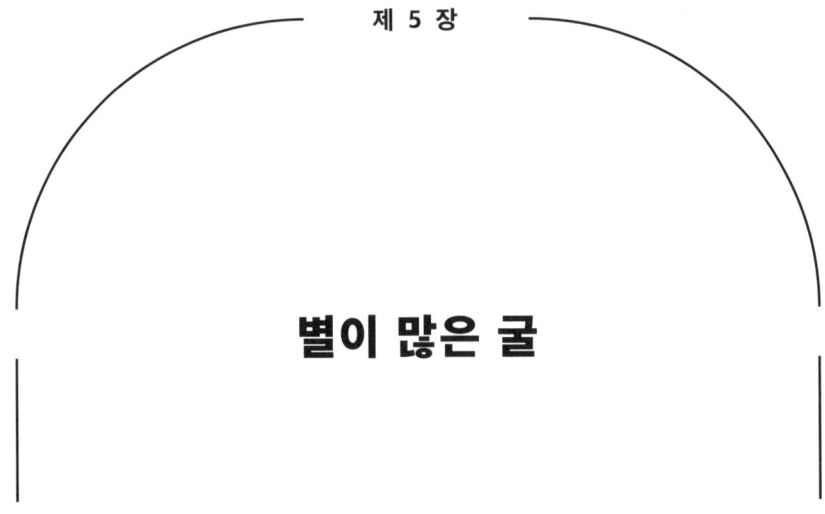

제 5 장

별이 많은 굴

라이징 스타 동굴계를 구성하는 고대 암석은 적어도 20억 년 전 형성된 것이다. 주된 암석은 켜켜이 쌓인 처트층 사이를 가로지르는 두꺼운 백운암이다. 이렇게 처트와 백운암이 결합한 암석층은 석회암보다 어둡고 단단하고 밀도가 높기 때문에 지하로 스며들어 석회암을 녹이고 굴을 형성하는 물에 더 잘 버틴다. 그 결과, 라이징 스타는 서서히 바뀌었다. 어떤 공간은 수십만 년을 견뎌냈다. 큰 지진이나 대규모 붕괴로 극적인 변화가 일어나기도 했지만, 이런 사건은 특별한 경우라 대개 몇만 년에 한 번 일어날 뿐이다.

라이징 스타의 굴들은 격자처럼 촘촘히 연결된 갈라진 바위틈과 통로로 이어져 있다. 이 동굴계를 머릿속에 그려보는 가장 좋은 방법은 버려진 고층 건물들이 뒤집힌 채 줄지어 암석에 묻혀 있고 수직 갱도 같은 긴 구멍들이 아래까지 깊이 뻗어 있는 모습을 떠올리는 것이다. 가장 깊은 통로는 뉴욕 크라이슬러 빌딩 높이와 맞먹어 약 300미터까지 내려간다. 나머지는 이보다 짧은 100~150미터 사이인 것이 많다. 한 처트층에서 다음 처트층으로 떨어지는 물이 끝없이 침식을 일으켜 암석을 깎아낸다. 중력의 힘 때문에 모든 것이 아래를 향한다. 바위도, 흙도, 뼈도, 물도.

처트보다 석회암을 더 빨리 침식시키는 물이 수백만 년 동안 흘러내려 만들어낸 이 공간들을 고층 건물로 치면 구름다리 역할을 하는 수평 통로들이 서로 이어준다. 이곳을 탐사하려면 물에 침식된 통로를 따라 위아래로 이동하거나 공간들을 연결하는 좁은 터널을 통해 가로질러 이동해야 한다. 라이징 스타 동굴계는 복잡한 미로다.

＃

라이징 스타 동굴계 입구에서 디날레디로 내려가려면 오르막길, 꽉 끼는 좁은 구간인 스퀴즈cave sqeeze, 모퉁이, 낭떠러지를 지나 시커먼 구렁텅이처럼 보이는 틈새를 뛰어넘어야 한다. 동굴 안으로 들어섰을 때 가장 먼저 나타나는 곳은 하늘이 뻥 뚫린 굴, 스카이라이트 굴Skylight Chamber이다. 우리는 이곳을 탈바꿈해 지상에 있던 지휘 본부를 옮겨왔다. 이곳에서 라이징 스타로 들어가는 과정을 설명하는 브리핑을 열었고, 탐사자들이 모험을 이어가기에 앞서 옷을 갈아입고 배터리, 전등 같은 여러 장비를 점검했다.

스카이라이트 굴은 지하 6~7미터에 있다. 위쪽 지표면에 있는 야생 올리브나무 가지 사이로 햇살이 들어와 돌바닥 위로 빛이 일렁인다. 이곳 전초 기지에는 플라스틱 탁자와 의자 그리고 1킬로미터 떨어진 곳에서 끌어온 전기로 돌아가는 전자 장치들이 있다. 동굴 벽에 뚫린 여러 틈새는 돌멩이로 채워져 막혀 있다. 오래전 옛날에는 이 틈들이 통로였을지 몰라도 오늘날 동굴에 들어갈 수 있는 통로는 두 곳뿐이다. 디날레디로 갈 때는 지상 중앙 출입구인 서남쪽 출입구를, 2014년을 기준으로 우리가 아직 상세히 탐사하지 못한 다른 굴들로 갈 때는 북쪽 출입구를 이용했다.

디날레디를 향해 서남쪽 통로를 따라 내려가면 금세 어둠 속으로 발을 딛게 된다. 중간 크기인 굴을 잇달아 통과하며 단단한 처트 바닥을 따라 계속 조금씩 아래로 내려간다. 몇십 미터쯤 내려가면 아래로 기운 틈 사이로 들어가게 되는데, 이 틈이 좁아지며 길이 3미터의 비탈이 나타난다. 우리는 장비를 나르는 사람들이 좀 더 쉽게 내려갈 수 있도록 여기에 영구적으로 사용할 사다리를 설치했다. 사다리를 내려간 뒤 옆으로 조금씩 움직여 길이 2미터의 또 다른 비탈을 내려가면 더 큰 굴에 도착한다. 이제 이 여정에서 처음으로 심각하게 좁은 스퀴즈를 마주한다. 바로 몸을 겨우겨우 끼워 넣을 정도로 좁은 슈퍼맨스 크롤superman's crawl이다. 슈퍼맨스 크롤이라는 이름은 이 통로를 지날 때 취해야만 하는 자세, 즉 슈퍼맨처럼 한 팔은 앞으로 쭉 뻗어 장비를 밀고 다른 팔은 몸통에 붙인 채 포복하며 전진하는 자세를 가리킨다. 우리가 통로를 살짝 넓혀 접근성을 높였지만 이곳은 여전히 동굴 탐험가 대다수에게 몸이 꽉 끼는 공간이었다. 7미터 길이의 슈퍼맨스 크롤을 낑낑대며 서서히 지나면 드래건스백(용의 등) 굴Dragon's Back Chamber에 다다른다.

드래건스백 굴에서는 몸을 곧게 펴 설 수 있지만 길이가 25미터, 폭이 겨우 6~7미터인 곳이라 폐소공포증이 있는 사람에게는 그다지 마음 편한 곳이 아니다. 머리 위로 높이 솟은 돔형 천장에는 물방울이 맺혀 밝게 반짝이는 종유석이 매달려 있다. 굴의 맞은편 끝에는 먼 옛날 천장에서 거대한 암석 덩어리가 떨어져 생긴 울퉁불퉁한 비탈길이 있는데, 어두컴컴한 위쪽으로 뻗은 이 비탈길이 바로 악명 높은 슈트로 향하는 길이다.

이 굴에 드래건스백이라는 이름이 붙은 까닭은 바위투성이인 비탈길의 구조 때문이다. 비탈길은 양쪽 가장자리가 깎아지른 듯 경사진 좁은 등성이다. 얇은 처트층이 백운암 판을 가로지르는 위치로 보건대, 아득히 먼 옛날 얇은 쐐기 모양의 거대한 전체 구조물이 굴 바닥 위쪽에 커튼처럼 매달려 있다가 덩어리째 떨어졌을 것이다. 등성이는 굴 바닥에서 10미터 높이까지 뻗어 있고, 등성이를 따라 끝이 뾰족한 암석들이 솟아 있다. 우리는 단원들이 드래건스백을 안전하게 오를 수 있도록 하켄, 안전줄, 안전대(등반용 하네스)로 구성된 구조물을 설치했다. 하지만 안전줄에 의지하고 있으니 떨어져도 괜찮다고 할 사람은 없다. 등성이 양쪽의 갈라진 틈으로 떨어진다면 고통스러운 건 당연하고 치명적인 부상을 입지 않더라도 탈출이 불가능에 가까웠다.

드래건스백 굴 꼭대기에 오른 뒤에는 깎아지른 듯한 낭떠러지 위를 가로지르는 다리를 건너야 슈트 입구가 기다리는 바위 턱에 다다를 수 있다. 대다수에게 한 걸음을 성큼 내딛는 정도인 이 낭떠러지를 건너는 일이 15미터 길이인 바위투성이 비탈길에 비하면 훨씬 덜 무섭다.

슈트 꼭대기에는 갖가지 사고 예방책이 마련되어 있다. 슈트로 내려가려는 사람은 누구든 인터콤으로 지휘 본부에 알려야 하고, 지휘 본부에서는 탐사자가 라이징 스타에서 필수인 안전모, 헤드램프, 점프슈트를 포함한 동굴 탐사 장비를 빠짐없이 갖추었는지, 모든 장비가 제대로 작동하는지 등을 다시 한번 확인한다. 장비와 통신선을 확인하는 데 더해, 슈트 입구에 단원 한 명을 따로 배치해 탐사자를 안내하고 혹시라도 사고가 생기면 지휘 본부에 보고하게 한다. 우리는 이 단원에게 '슈트 트롤'이라는 애칭을 붙였다.

슈트는 사람에 따라 다른 난관을 안긴다. 좁은 통로를 통과하는 문제에서 동굴 탐험가 대다수가 마주한 제한 요인은 흉곽 크기였다. 가슴이 이 좁은 구멍을 통과할 수 있다면 다른 부위도 통과할 수 있다. 그 반대도 마찬가지다. 그런데 슈트에는 라이징 스타에서 맞닥뜨릴 스퀴즈 가운데 손꼽게 좁은 스퀴즈가 있다. 이 무자비한 구간은 가장 넓은 곳조차 폭이 겨우 19센티미터다. 경험이 많은 일부 동굴 탐험가는 슈트 통과하기가 도전이기는 해도 다른 난관에 견주면 비교적 안전하다고 말했다. 내려가는 내내 암석 사이에 끼어 있어야 해서 미끄러져 추락하는 사고를 막아주기 때문이다. 하지만 그런 모험가들조차 슈트를 지나려면 지독하게 뒤틀린 암석에 대응하느라 고통스러운 곡예를 펼쳐야 했다. 제아무리 뛰어난 동굴 탐험가라도 12미터를 내려가는 데 10분은 족히 걸린다. 대다수는 더 오래 걸려 때로는 30분이 걸리기도 한다.

게다가 당연하게도 내려갔으면 올라와야 한다. 디날레디 안을 직접 들여다보는 보상이 끝나면 누구든 다시 슈트를 거슬러 올라와야 하는데, 이 여정이 몸과 마음에 내려갈 때와는 완전히 다른 부담을 안긴다. 위로 올라올 때는 상체 힘이 모든 것을 좌우한다. 게다가 이때는 중력의 보조를 받기는커녕 중력과 맞서 싸워야 한다. 슈트를 올라가는 일은 동굴 탐사에 최적인 체격을 지닌 탐험가에게조차 육체적으로 매우 큰 부담으로 다가온다.

※

디날레디에 매장된 엄청나게 많은 화석, 그곳에 다다르는 데 필요한 광범위한 노력 때문에 날레디를 발견했을 때 많은 연구자의 관심이 자연스럽게 쏠렸다. 2013년 탐사 중 내가 디날레디 굴에서 발굴된 넙다리뼈를 의논하고 있을 때였다. 옆에서 듣고 있던 스티브와 릭이 나를 한쪽으로 끌고 가더니 스카이라이트 굴에서 오른쪽으로 100미터 조금 넘게 떨어진 다른 통로에 그런 뼈가 또 있는 것 같다고 속삭였다. 그때 나는 두 사람에게 디날레디 탐사를 끝낼 때까지 그 소식을 비밀에 부쳐달라고 일러두었다. 이후 디날레디에서 당장 급한 일을 마무리했다는 확신이 들자 드디어 때가 왔다고 판단한 나는 탐사단을 이 색다른 공간으로 보내 사진을 찍어오게 했다.

스티브와 릭이 첫 영상을 보여주었을 때 나는 눈을 떼지 못했다. 다리뼈와 팔뼈 일부 그리고 머리뼈 조각까지 보였다. 디날레디 굴에서 그랬듯 뼈들이 표면에 그대로 드러난 채 발굴을 기다리고 있었다. 분명히 호미닌 뼈였다. 이 호미닌은 우리가 디날레디 굴에서 발견한 것과 같은 종일까? 우리가 아주 많은 뼈를 발굴한 바로 그 종? 꿈인지 생시인지, 볼을 꼬집어보고 싶을 정도였다.

스티브와 릭이 또 다른 영상도 보여주었는데 굴 바닥에 있는 숯덩이를 찍은 것 같았다. 다른 사람들에게는 머리뼈 조각만큼 흥미롭게 들리지 않겠지만, 나 같은 연구자들에게는 숯이 아주 중요하고 위험한 의미를 지닌다. 바로 불을 가리키기 때문이다. 불을 고생인류와 연결했다가는 탐사자들을 곤란에 빠뜨릴지 모를 여러 난처한 질문을 불러일으키게 된다. 그래서 나는 누군가가 숯이 날레디가 불을 다룬 증거일지도 모른다고 중얼거렸을 때 불충분한 증거라고 일축했다. 우리는 맥락에 맞는 증거가 필요했다. 그래도 이 견해에 영감을 받아 우리는 새 굴에 세소토어로 '빛'을 뜻하는 레세디Lesedi라는 단어를 이름으로 붙였다.

    스티브와 릭이 레세디 굴에서 찍은 사진을 설명하는 동안, 나는 평소처럼 지휘 본부의 컴퓨터 모니터 앞에 앉아 있었다. 두 사람이 굴의 모양과 그곳까지 가는 경로를 설명했다. 그리고 고대 화석을 품은 숨은 보고로 내려간, 근래에 가장 짜릿했던 경험담을 듣고 있자니 나도 모험에 나서고 싶다는 익숙한 흥분이 일었다. 직접 내 두 눈으로 레세디 굴을 보고 싶었다. 모니터로 발굴 활동을 지켜만 보는 것은 이제 물릴 만큼 충분히 했다.

제 2 부

아주 많은 뼈

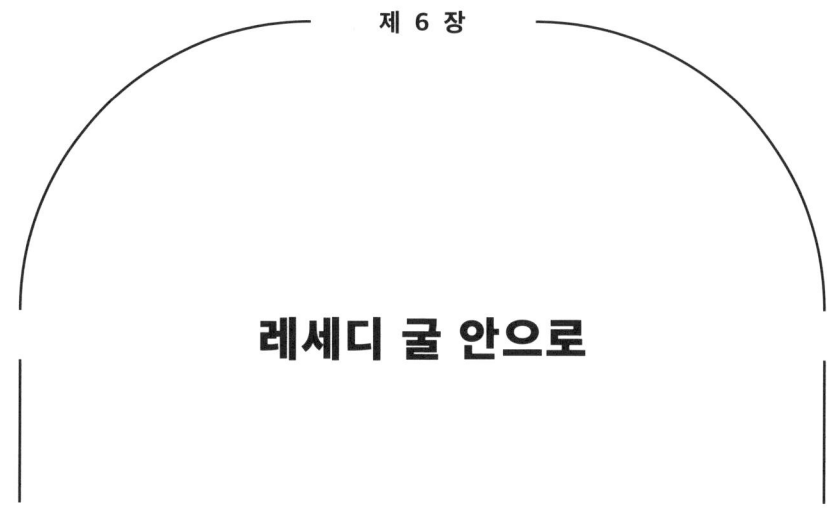

레세디 굴 안으로

내 커다란 몸으로 슈트를 통과할 가능성에는 언제나 고개를 가로저었지만 레세디 굴에 도달하는 것은 조금 쉬워 보였다. 스티브와 릭의 설명에 따르면 스카이라이트 굴에서 좁은 비탈을 내려간 다음, 통로에 도달해 바위 턱을 빠르게 지나고, 낭떠러지를 피해 현대의 광부나 동굴 탐험가들이 넓혀놓은 것 같은 터널을 몇 미터 미끄러져 내려가면 끝이었다. 경로가 꽤 간단해 보여 나도 해낼 수 있을 것 같았다.

그래도 나는 2014년 초가 되어서야 레세디 굴에 들어갈 마음을 먹었다. 우리는 머리뼈 조각을 찾을 목적으로만 탐사단을 꾸렸다. 존 호크스가 스카이라이트 굴의 지휘 본부를 맡고, 스티브와 릭 그리고 위스콘신대학교 매디슨 캠퍼스에서 온 박사 과정 학생 얼리아 거토브Alia Gurtov가 나와 함께 화석을 확인하기로 했다. 우리는 스카이라이트에서 디날레디로 가는 길과 반대 방향의 길로 들어섰다. 둥그스름한 바위 너머에 사람이 간신히 들어갈 만큼 작고 좁은 구멍이 있었다. 우리는 45도 각도로 급하게 꺾이는 터널을 따라 미끄러져 내려갔다. 푸석푸석한 돌멩이들이 다리를 할퀴었다. 그리고 마침내 통로 끝에 있는 아슬아슬한 바위 턱에 다다랐다. 이 바위 턱을 따라 살금살금 움직였더니, 어느 순간 커다란 구덩이의 가장자리를 밟고 있었다.

"이게 뭐지?"

앞선 사람들에게 묻다가 곧 스티브와 릭이 설명했던 낭떠러지라는 것을 깨달았다.

"토일렛볼toilet bowl(변기)이요."

스티브가 답했다. 그와 릭, 얼리아는 이미 토일렛볼을 빙 돌아 건너편 쪽으로 가고 있었다.

"거기에서 떨어지면 안 돼요."

몸을 내밀어 지름 15미터의 구덩이를 들여다보았다. 그저 모양 때문에 붙인 이름은 아니겠다는 생각이 들었다.

"왜 토일렛볼이라고 불러?"

"떨어지면 똥망하거든요."

스티브가 답했다. 나는 조심스럽게 천천히 구덩이 주변을 돌았다. 짧은 오르막과 스퀴즈를 지난 끝에 작은 굴에 도착하니 또 다른 시험대가 우리를 기다렸다. 머리부터 거꾸로 내려가야 하는 좁은 스퀴즈였다.

우리가 통과해야 하는 작은 바위틈을 가만히 바라보았다. 폭이 겨우 30센티미터였다. 스티브와 릭에게 물었다.

"이게 자네들이 말한 터널인 거지?"

"네, 괜찮겠어요?"

"물론이지."

거짓말이었다. 솔직히 확신이 서지 않았다.

스티브와 릭이 앞장서 바위틈으로 머리를 디밀고 올림픽에 출전한 하이다이빙 선수처럼 몸을 접더니 시야에서 사라졌다. 얼리아가 내게 힘내라는 듯 미소를 짓더니 두 사람을 따라 내려갔다. 바위틈 사이로 얼리아가 몸을 비틀어 앞으로 나아가면서 끙끙거리고 툴툴거리는 소리가 들렸다.

나는 숨을 한 번 깊이 들이켰다. 화석들, 특히 머리뼈가 안에서 내게 손짓했다. 나는 그 뼈들이 본래의 안식처에 그대로 놓여 있는 모습을 보고 싶었다. 머리뼈를 내 손으로 직접 꺼내 기록하는 데 필요할 만한 도구도 모두 챙겨온 터였다.

나는 몸통이 지구 중심을 향해 일직선으로 내려가는 자세가 될 때까지 허리를 구부려 머리부터 통로로 미끄러져 들어갔다. 방향 감각이 사라졌다. 두 손으로 앞쪽을, 그러니까 실제로는 아래쪽을 더듬으며 거꾸로 내려갔다. 앞쪽에서 얼리아가 두 조각난 커다란 바위 가운데를 헤치고 나아가고 있었다. 나는 그 좁은 공간에서 단원들을 뒤따라 배밀이를 하듯 앞으로 나아갔다. 그리고 몇 미터를 고되게 허우적거린 끝에 마침내 레세디 굴에 들어서서 단원들과 합류했다.

이 굴에는 내가 드래건스백 굴에서 직접 보았던, 또 디날레디 굴에서 전송해온 영상에서 본 아름다운 종유석이 하나도 없었다. 굴은 폭이 1.5미터 정도로 좁았고, 형태는 쐐기 두 개가 서로 교차하는 모양이었으며, 끄트

▶ 레세디 굴 속 움푹 파인 암벽에 박혀 있다 발견된 유골 일부인 불완전한 머리뼈로 날레디 발견에 새로운 차원을 더했다.

머리가 기어서도 통과할 수 없을 만큼 작게 갈라진 틈으로 막혀 있었다. 천장은 정말 아무것도 보이지 않아서 위를 올려다보아도 헤드램프의 빛이 도달하지 못하는 컴컴한 공간만 이어졌다. 전체적으로 꽤 평범해 보이는 굴이었다.

바로 그때 뼈들이 눈에 들어왔다. 나는 머리뼈 옆에 무릎을 꿇고 앉아 입을 떡 벌린 채 머리뼈의 가장자리를 살폈다. 부서진 머리뼈는 달걀 모양에 그레이프프루트 크기였다. 넋이 나갈 것 같았다. 내가 난생 처음 이 고생인류의 공간에 들어와, 아마도 수십만 년 동안 흙 속에 놓여 있었을 뼈들을 원형 그대로 보고 있었다. 머리뼈에서 그 옆에 흩어져 있는 뼛조각으로 눈

길을 옮겼다. 이 뼈들이 어떤 종으로 판정되든, 날레디든 아니든, 레세디 굴이 또 다른 중요한 발견이라는 것이 그 순간 자명해졌다.

얼리아와 나는 기준선을 설치하고 사진 측량에 쓸 방위 사진을 찍었다. 사진 측량은 우리가 연구하는 모든 공간을 가상 3D로 재구성할 때 사용하는 까다로운 과정이다. 전에 보았던 2차원 지도가 이 굴의 모습을 제대로 보여주지 못한다는 것은 이미 알고 있었다. 실제로 레세디는 사진으로 짐작했던 것보다 더 작았고, 보아하니 디날레디보다도 작은 것 같았다. 게다가 더 큰 굴에서 갈라져 나온 여러 통로를 연결하는 중심축이었다. 천장이 높았지만 지표면보다는 낮았다.

우리가 발견한 뼈들이 놓인 위치는 디날레디뿐만 아니라 다른 곳에 있던 뼈와도 달랐다. 머리뼈 조각이 바닥에서 1미터 이상 떨어진 암벽에 박혀 있어, 디날레디 굴 바닥 한가운데 층층이 빽빽하게 쌓여 있던 퍼즐 상자 속 유골과 크게 대비되었다. 머리뼈 위치로 보아, 시신을 접어서 집어넣었겠다는 느낌이 들었다. 머리뼈를 파내는 데는 약 다섯 시간이 걸렸다. 먼저 표면의 푸석한 조각부터 파낸 다음, 머리뼈안으로 무너져 내린 머리뼈 조각들을 발굴했다. 커다란 상악골, 즉 이빨이 그대로 남아 있는 위턱뼈가 퇴적물 사이로 서서히 모습을 드러냈다. 우리는 마침내 완벽에 가까운 머리뼈를 파냈다. 나는 짧고 편평한 얼굴을 두 손에 올려두고서 작고 원시적인 이빨을 바라보았다. 이 뼈들도 날레디에 속한다는 강한 예감이 들었다. 해부학적 구조가 매우 비슷했다.

나는 깨지기 쉬운 화석 유골을 완충재를 덧댄 상자에 넣었다. 이제 내려오기보다 어려운 올라가기에 나서야 할 때였다. 위로 올라갈 때 좁은 틈 사이로 몸을 밀어 올리려면 근육에 힘을 줘야 하는데, 힘을 준 근육은 힘을 뺐을 때보다 부피가 더 크다. 나처럼 몸집이 큰 사람한테는 이 점이 특히 문제였다. 나는 스티브, 릭, 얼리아를 먼저 올려보냈다. 머리뼈는 얼리아가 가지고 이동했다.

"이상 무!"

얼리아가 입구에 도착해 외치는 소리가 들렸다. 나는 눈앞에 있는 갈라진 바위틈에 헤드램프를 비추고 팔을 머리 위로 뻗었다. 그다음에는 다리에 힘을 주고 몸을 통로에 밀어 넣었다. 통로가 나를 옥죄는 느낌이었다. 바위 투성이인 연결 통로의 완만한 모퉁이를 지나면, 다음 모퉁이에서는 90도 각도로 몸을 구부려야 했다. 팔은 거의 쓸모가 없었다. 머리부터 거꾸로 미끄러져 내려가는 것보다 훨씬 힘들었다.

90도 각도인 모퉁이에 몸통을 끼워 넣은 나는 본능적으로 다리를 모퉁이 위로 올려 발로 벽면을 박차려 했다. 그런데 공간이 없었다. 다리를 구부릴 수 없었다. 내 넙다리뼈가 너무 길어 두 다리를 목적에 맞는 위치에 갖다 놓을 수가 없었다. 게다가 두 팔만으로는 물먹은 솜처럼 늘어지는 하반신의 무게를 끌어 올릴 길이 없었다. 공포가 칼날처럼 머릿속을 엄습했다. 이 구멍을 빠져나갈 방법을 찾지 못할 수도 있겠는걸.

이리저리 버둥거리며 몸을 돌려보았다. 몸을 비틀어 방향을 바꿔보기도 했다. 몸을 움츠려 흔들어도 보았다. 아무 소용이 없었다. 40분 동안 그렇게 몸부림을 치니 진이 다 빠졌다. 내 몸은 여전히 통로에 끼어 있었다. 무슨 짓을 해도, 몸통을 비틀거나 다리를 움직여도 몸을 위로 끌어 올릴 수가 없었다. 힘이 빠지고 있었다.

"등을 벽에 대고 움직여보세요."

위에서 세 사람이 외쳤다. 소용없었다.

"입구로 돌아가 발부터 나와볼 수 있겠어요?"

곡예에 가까운 이 동작도 불가능했다. 이용할 수단이 아무것도 없었다. 나는 점점 더 지쳐갔다.

굴 바깥, 위쪽에 있는 단원들도 지쳐가는 것 같았다. 단원들 목소리가 점점 더 차분해졌다. 자기들끼리 이야기를 주고받는 것 같았다.

"무슨 일인데?"

내가 소리쳤다. 침착하게 말하려 했지만 어떻게 빠져나가야 할지 매우 걱정스러워지기 시작했다. 그때 릭이 외쳤다.

"아이디어가 하나 있어요."

"뭔데?"

릭이 끙끙대며 입구로 들어오는 소리가 들렸다.

"우리가 교수님을 끌어당겨 볼게요."

잠시 뒤 다시 통로로 내려온 릭이 내 위쪽 어느 한 지점에 멈춰 서고는 단단히 자리를 잡았다. 릭의 의도를 알아챈 나는 점프슈트를 벗고 티셔츠와 사이클용 레깅스만 걸친 상태가 되었다. 항력을 일으킬 만한 것은 모두 덜어냈다. 릭이 등산용 나일론 밧줄을 내게로 내려뜨렸다. 나는 양쪽 손목을 어릴적 보이스카우트에서 배운 이중 매듭으로 묶은 다음 최대한 꽉 조였다. 스티브와 얼리아가 밧줄의 다른 쪽 끝을 꽉 붙잡았다. 내가 카운트다운을 외쳤다.

"셋…, 둘…, 하나!"

세 사람이 밧줄을 홱 잡아당겼다. 어깨가 찢어지는 듯한 통증을 느낀 순간, 두 팔이 머리 위쪽에서 비틀리고 몸이 다이빙할 때처럼 접혔다. 벽면의 바위에 티셔츠가 찢겼다. 그래도 몸이 서서히 조금씩 위로 올라가기 시작했다. 뭐라도 도움이 되었으면 하는 마음에 몸을 뒤척였다. 마침내 하반신이 가느다란 틈에 맞게 구부러지는 것이 느껴졌다. 허벅지가 가느다란 틈을 통과했다. 이제는 두 발로 내 몸을 밀어 올릴 수 있었다. 릭이 내 손목의 매듭을 풀어주고 다시 위로 올라갔다. 나도 곧 두 손으로 밧줄을 붙잡은 채 두 발로 터널 벽면을 딛고 올라갔다. 그동안 세 사람이 나를 도우려고 밧줄을 당겼다.

이윽고 내가 밖으로 나왔다.

나는 흙투성이가 된 채 희열에 젖어 입구에 서 있었다. 몸이 자유로워진 것도 아주 좋았지만, 연구할 수 있는 굉장한 머리뼈가 생겼다는 사실이 더욱 좋았다. 안도감이 온몸으로 퍼졌다. 우리는 컴컴한 굴로 들어갈 때 목표했던 임무를 완수했다. 동시에 나는 앞으로 다시는 그 공간에 들어가지 않겠다고 다짐했다. 내가 있어야 할 곳은 지상이었다.

유감스럽게도 우리 탐사단은 저 아래 레세디 굴에 내 흔적을 남겨두기로 작정했다. 단원들은 내가 갇혔던 90도로 꺾이는 모퉁이를 '버거석Berger's box'이라 부르기 시작했다. 심지어 2017년 〈이라이프〉에 레세디 굴의 지도를 공개할 때도 이 명칭이 등장했다. 이 소식에 나는 웃음을 터뜨렸다. 무언가에 내 이름이 붙는 것은 예나 지금이나 늘 바라 마지않는 바다.

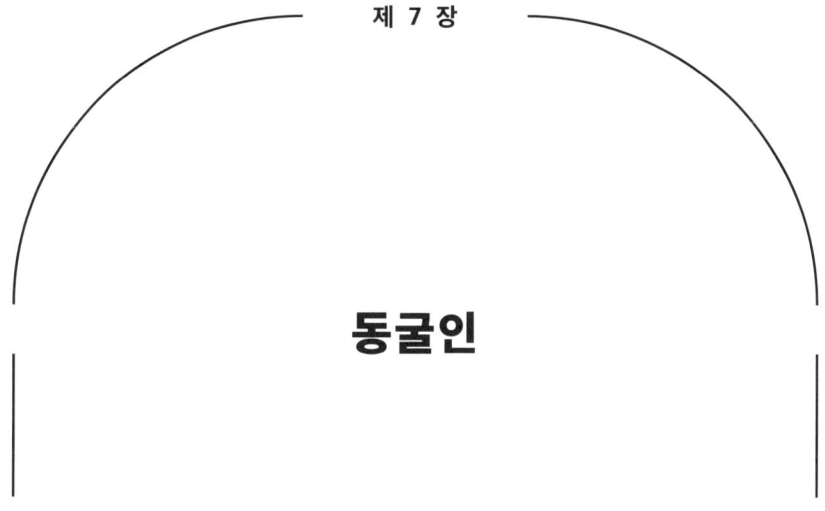

제 7 장

동굴인

 레세디 화석이 골격의 많은 부분을 제공해준 덕분에 디날레디 화석과 하나하나 비교할 수 있었다. 레세디 화석의 거의 모든 세부 부위가 호모 날레디와 일치했으므로, 우리는 모든 발굴 결과를 종합해 처음으로 단일 날레디 개체의 부위별 치수를 계산했다. 그리고 이 골격이 새로운 호미닌 종을 이해하는 데 매우 중요한 기여를 한 만큼, 세소토어로 '선물'을 뜻하는 네오Neo라는 이름을 붙였다.

 레세디 굴에서 발견한 새로운 화석은 우리가 라이징 스타 동굴계 전체를 생각하던 방식을 뒤흔들었다. 인류의 요람 지역에 있는 여러 동굴계가 다양한 화석 퇴적물을 품고 있지만, 이런 화석들은 하나같이 다른 시간대와 다른 종을 나타냈다. 가장 잘 알려진 사례가 라이징 스타 동굴계에서 겨우

2킬로미터 떨어진 스테르크폰테인이다. 스테르크폰테인 동굴계에서 가장 큰 각력암층이 지면에 노출되어 있는데, 여기에 연대가 적어도 200만 년 전인 오스트랄로피테쿠스 아프리카누스의 뼈들이 들어 있다. 그런데 이 동굴계의 다른 각력암층에는 연대가 100만 년 전이 안 되는 호모속 화석 몇 개와 도구가 들어 있다. 디날레디는 접근이 허락되지 않는 곳이라 화석들이 어떻게 거기까지 갔는지 의문은 들어도, 동굴 환경에서 화석 뼈를 발견하는 것이 그리 이상한 일은 아니었다. 하지만 100미터 이상 떨어진 다른 굴에서 비슷한 뼈를 발견하는 것은 드문 일이었고, 단순한 우연으로 보이지도 않았다. 그래서 궁금해졌다. 날레디는 커다란 라이징 스타 동굴계를 따라 굴에서 굴로 이동할 줄 알았을까? 이 외진 공간들을 실제로 사용했을까? 그렇게는 상상하기 어려웠다. 그때까지 우리는 호미닌이 가장 깊은 지하 공간을 두려워해 피했다고 생각했고, 그런 공간에서 발견되는 뼈는 운이 나빠 그곳으로 떨어진 개체의 것이거나 자연 작용으로 쓸려 들어온 것이라고 추측했다.

레세디 유골은 새로운 질문을 아주 많이 불러일으켰다. 이 화석 퇴적물은 같은 종에서 나온 걸까? 우리가 뼈를 발견한 방위와 환경이 서로 다른 이유는 무엇일까? 디날레디의 뼈들은 바닥에 드러나 있거나 묻혀 있었는데, 왜 레세디의 일부 뼈는 바닥에서 1미터 이상 떨어진 우묵한 곳에서 발견되었을까?

우리는 두 가지 적절한 설명을 떠올렸다. 첫 번째 가설은 호모 날레디가 살았던 시대에는 레세디 굴의 바닥이 오늘날보다 높았다는 것이다. 처음에는 네오의 유골과 다른 뼈들이 더 큰 화석 퇴적물을 구성했는데, 굴 바닥이 침식되면서 다른 뼈들은 쓸려나가고 이 뼈들만 남은 것이다. 하지만 아직 발굴 규

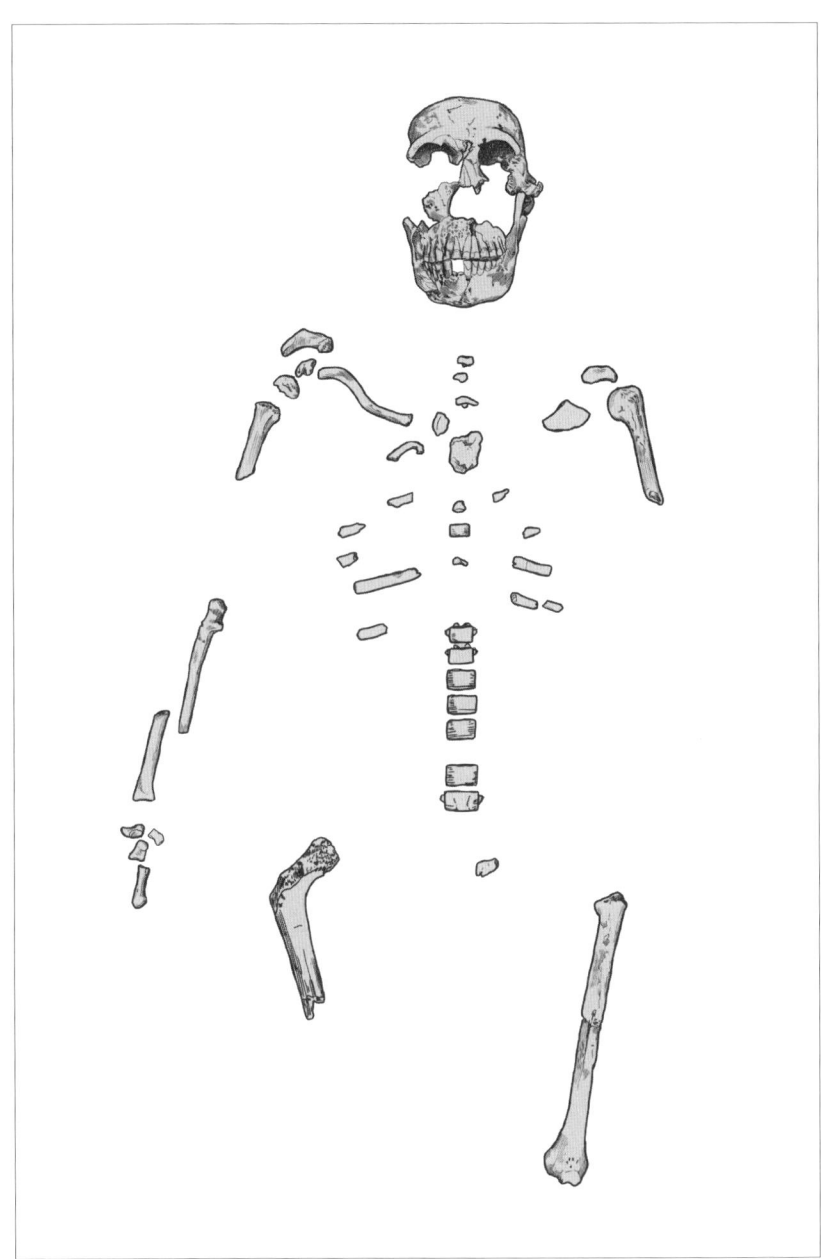

▶ 골격의 여러 부분에 해당하는 화석들이 오랜 시간에 걸쳐 레세디 굴에서 발견되었다. 우리 탐사단은 이 형체에 세소토어로 '선물'을 뜻하는 네오라는 이름을 붙였다.

제7장 동굴인

모가 충분하지 않아 이 시나리오를 반박할 증거를 찾지 못했다.

두 번째 가설은 더 도발적이었다. 네오의 유골이 바닥이 아닌 위쪽 벽의 우묵한 곳에 보존된 까닭을 날레디가 그곳에 일부러 뼈들을 안치했다고 보았다. 레세디 굴과 디날레디 굴은 날레디의 의도적 시신 처리 행위를 설명할 두 가지 변주일 것이다.

우리는 호모 날레디를 다룬 첫 학술 논문에서 날레디가 뼈를 일부러 디날레디에 안치했을지도 모른다는 의견을 조심스레 제시했다. 시신을 일부러 지하 공간에 두는 것은 여러 망자 안치식 중 하나다. 그런데 많은 고고학자가 망자 안치식을 인간 고유의 행동으로 보아 이 견해에 회의적이었다.

가장 오래된 확실한 매장 사례는 약 10만 년 전으로 거슬러 올라간다. 인간이 남긴 고고학적 기록에 따르면 3만 5,000년 전까지는 어떤 일상적 망자 안치식도 존재하지 않았다. 고인류학에서 3만 5,000년 전은 어제다. 그런데 우리는 23만 년도 더 전인 인류의 새벽에 침팬지보다 조금 더 큰 뇌로 살았을 것 같은 호미닌 종을 다루고 있었고, 심지어 이 종이 의도적 시신 처리를 수행했을 가능성까지 고려하고 있었다.

이제 레세디에서 발견한 것들로 인해 우리는 더 복잡한 질문을 맞닥뜨렸다. 레세디 굴과 디날레디 굴은 아주 비슷해 보였지만, 네오의 유골은 벽의 우묵한 곳에 안치된 것처럼 보였다. 이 고생인류가 정말로 친구나 사랑하는 사람의 시신을 들고 라이징 스타 깊숙이 들어갈 수 있었을까? 굴 내부 구역을 구분할 수 있었을까? 만약 가능했다면 이 의례 행위는 결국 인간이 소유한 큰 뇌의 산물이 아니라는 뜻이었다. 오랫동안 인간의 고유 행위라고 여겨온 현상이 날레디에서도 발견될 것 같았다.

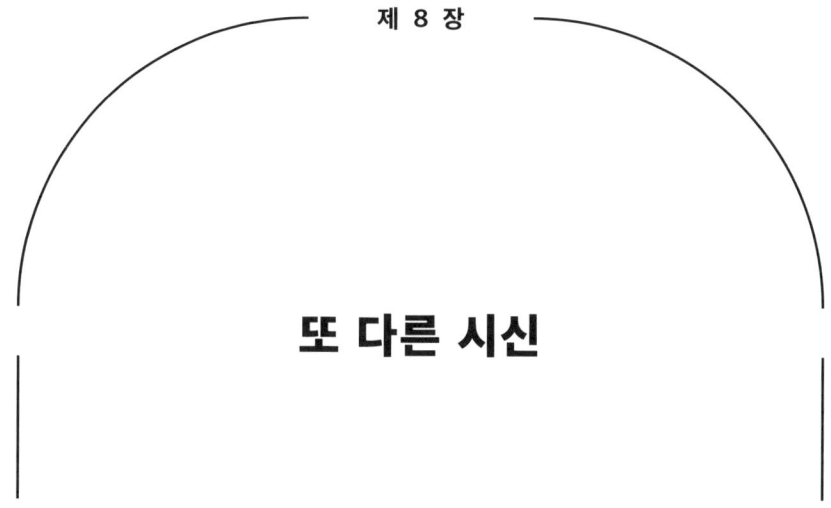

제 8 장

또 다른 시신

2017년 우리는 시급한 질문 하나를 염두에 두고 탐사를 시작했다. 뼈들이 도대체 어떻게 디날레디 굴에 도달했을까? 탐사단 외부의 과학자 대다수가 가장 논란이 적을 가설 하나를 내놓았다. 뼈들이 슈트를 통하거나, 아니면 드래건스백 굴에서 접근하기 쉬운 비슷한 다른 통로를 통해 디날레디 굴로 굴러떨어졌다는 것이다. 하지만 나를 포함한 많은 탐사 단원은 슈트 입구와 디날레디 유골의 위치를 연결했을 때 그럴 가능성이 없다고 보았다. 우리가 제작한 지도가 이 가설을 뒷받침했다. 디날레디 굴의 바닥이 슈트 출구에서 굴의 가장 깊은 곳을 향해 기울어져 있는 것을 보여주었다. 우리는 슈트에 가까운 구역을 랜딩존landing zone(착륙 지대)이라 불렀다. 지도를 보면 슈트에서 내려온 뒤 짧고 좁은 통로 하나를 지나야 디날레디 굴의 나머지 구역에

갈 수 있었다.

우리가 처음으로 그린 라이징 스타 동굴계 지도는 수십 년 동안 쌓인 탐사 데이터를 합친 것이었는데, 처음에는 디날레디 굴이 빠져 있었다. 2013년 스티브와 릭이 디날레디 굴에 들어가기 전만 해도 이곳에 관해 알려진 기록이 어디에도 없었다. 우리는 스티브와 릭의 그림, 줄자로 측정한 수치, 기억만을 바탕으로 디날레디 굴을 지도에 추가했다.

우리 탐사단은 강력하지만 한계도 명확한 지도 제작 기술을 활용할 수 있었다. 레이저 스캔 장비를 이용하면 디날레디로 가는 경로를 고해상도 3D 가상 모델로 만들어볼 수 있었다. 하지만 시뮬레이션은 슈트에서 끝났다. 통로가 너무 좁아 지도 제작용 장비가 동굴계 깊은 곳까지 들어가지 못했다. 따라서 디날레디 지도의 정확성은 우리 탐사자들이 자기 경험을 그림과 말로 전달하는 능력에 좌우되었다. 그런데 탐사자들이 디날레디에서 많은 시간을 보낼수록 지도를 수정하는 횟수도 많아졌다.

2017년 탐사를 코앞에 두고 스티브가 자기 노트북으로 디날레디 굴의 최신 지도를 보여주었다. 최신 지도는 굴의 높낮이 차를 담았고, 처음으로 컬러를 사용했다. 그런데 문제가 하나 있었다. 새 지도에서는 랜딩존이 다른 구역과 짧고 좁은 통로 하나로 연결되는 것이 아니라, 폭이 넓어야 0.5미터인 평행으로 길게 뻗은 두 통로로 연결되어 있었다. 내가 말했다.

"우리가 계속 잘못 생각하고 있었어. 디날레디는 하나가 아닌 거야. 굴 두 개가 연결된 거지."

스티브가 실눈을 뜨고 지도를 바라보았다.

"무슨 말인지 알겠는데, 그래도 같은 공간이에요. 바닥이 똑같고, 뼈가 여기 그리고 여기 있었으니까요."

스티브가 슈트에서 가장 멀리 떨어진 발굴 구역과 랜딩존 근처의 다른 발굴 구역을 가리켰다.

나는 머리를 긁적였다. 스티브는 디날레디에 가보았고, 나는 그렇지 않았다. 하지만 굴이 하나인지 두 개인지가 중요한 차이를 가져오는 것 같았다. 두 통로를 가르는 경계는 슈트에서 내려온 뼈가 디날레디의 가장 깊은 곳으로 굴러떨어지지 못하도록 방해할 자연스러운 병목 지점을 형성했다. 그렇다면 뼈들은 어떻게 굴의 먼 끄트머리까지 도달한 걸까?

"만약 뼈가 슈트에서 미끄러져 내려왔다면 이 통로들 입구에 쌓였을 테고, 흙으로 덮이지 않았다면 우리 눈에 보였을 거야. 통로 바닥에 흩어져 있거나 지면 바로 아래 있거나. 그렇지?"

내가 지도를 가리키며 스티브에게 물었다.

"맞아요. 그런지 확인해볼게요."

"두 통로가 시작되는 부분을 파줄 수 있을까? 그곳이 뼈 더미로 막혀 있다면 그곳이 병목 지점이야. 하지만 아니라면……."

나는 잠시 말을 끊었다.

"그렇다면 뼈들이 다른 경로로 들어왔다는 거지."

"그렇게 해볼게요."

스티브가 답했다. 이번에도 직접 디날레디에 들어가지 못한 나는 전송된 현장 영상, 지도, 스마트폰 사진에 의존해야 하는 현실에 좌절한 채 눈앞에 있는 화면을 바라보았다. 우리가 무엇을 놓친 걸까? 우리 영상에서 어느 부분이 잘못된 걸까?

디날레디로 이어지는 공간들을 머릿속으로 그려보았다. 길고 곧게 이어지는 슈트를 따라 하강, 처음 나타나는 커다란 굴인 랜딩존에 착지 그리고 완전히 다른 공간으로 이어지는 쌍둥이 통로. 두 통로의 길이는 대략 5~6미터, 어쩌면 조금 더 길었다. 꽤 먼 거리다. 뼈가 통로를 통해 굴러떨어지지 않았다면, 날레디가 디날레디 굴로 기어들었다가 그곳에서 죽은 걸까? 만족스럽지 않은 가정이었다. 그렇다면 다른 동물도 똑같이 디날레디로 들어왔을 텐데 그런 증거가 하나도 없었다. 정말이지 날레디가 라이징 스타의 이 구역을 제집 드나들 듯 드나든 것 같았다. 그러니 우리는 날레디가 생각했던 것처럼 디날레디를 대해야 했다. 우리가 랜딩존이라 부르는 곳과 별개인 독특한 공간으로 말이다.

그래서 이제부터 슈트 아래 바닥에 있는 넓고 비탈진 구역, 디날레디 굴에서 뻗어 나와 두 통로로 구분되는 랜딩존을 발굴 후원자 중 한 명인 라이다 힐Lyda Hill의 이름을 따 힐 곁굴Hill Antechamber이라 부르기로 했다. 우리는 곧장 힐 곁굴 발굴에 들어갔다.

#

우리는 힐 곁굴에서 두 군데를 파보았다. 한 곳은 벽에 맞닿은 경사면 위쪽, 다른 곳은 디날레디 굴로 가는 통로 근처였다. 머지않아 통로 근처에서 화석이 나오기 시작했다. 호미닌의 정강뼈에서 나온 것 같은 뼛조각 몇 개와 이빨 몇 개였다. 몇 안 되는 이빨들에 이어 단면이 좁고 마모된 성인 이빨들이 나왔는데 서로 완벽하게 맞물렸다. 우리는 거의 분해된 날레디 머리뼈의 앞면을 발굴하고 있다는 가설을 세웠다. 긴 뼛조각도 많았는데 이 뼈들이 처음부터 여기에 있었는지 아니면 경사면 위쪽에서 미끄러져 내려왔는지 파악하려면 힐 곁굴의 다른 발굴 구획에서 찾아낸 것들과 비교해야 했다.

경사면 위쪽 발굴 구획에서 부서진 조각들이 나타났다. 몇 센티미터 안에 뼈 아니면 유석 또는 뼈와 유석이 섞인 듯한 하얀 가루가 뭉친 형태로 드러났다. 발굴자들이 퇴적물을 계속 고운 붓으로 털어 정사각형인 발굴 구획 가장자리로 완전히 밀어내자 점토가 간간이 섞인, 분필처럼 하얀 물질이 점점 더 넓게 드러났다. 마치 아직도 턱의 일부인 것처럼 배열된 이빨이 나타나자 또 다른 이론을 구체화했다. 이것도 머리뼈였다. 하얀 가루는 뼈의 잔해가 부서진 것이었다.

우리는 발굴 구역을 전혀 훼손하지 않고 작업할 수 있도록 발굴 현장에 수평으로 사다리를 펼쳐 단원들이 그 위에 몸을 걸칠 수 있게 했다. 그리고 발굴 구획 가장자리 주변을 더 깊이 파고들어 갔다. 한눈에 봐도 관절로 연결된 손뼈와 손목뼈가 눈에 들어왔다. 뒤이어 퇴적물에서 갈비뼈 서너 개가 나타났다. 우리가 발견한 것은 머리뼈 하나가 아니라 유골 한 구였다.

예상을 벗어난 발견이었다. 날레디가 슈트 아래로 시신이나 뼈를 처리했다고 상상했을 때, 우리는 퍼즐 상자 일부에서 그랬듯 뼈가 마구잡이로 뒤섞여 있으리라 예상했다. 하지만 이 발굴물은 뒤죽박죽 쌓인 시신이나 뼈가 아니었다. 온전히 보존된 유골 한 구처럼 보였다. 근처에 빠져나온 뼛조각 몇 개가 흩어져 있는 것 같았지만, 빽빽이 쌓인 뼈 무더기로는 보이지 않았다. 더 흥미로운 점은 발굴 구획 측면에 바닥 지면과 평행하게 경사를 이루며 오랜 시간 서서히 형성된 퇴적층이 보였다는 것이다. 그런데 유골의 각도가 이 퇴적층의 각도와 어긋나 있었다. 시신을 이 가파른 경사면 위에 썩도록 놓아둔 것이라면 어떻게 우리가 발견한 곳에 남아 있을 수 있었던 걸까?

 퍼즐 상자에서 뼈를 파냈던 방식으로는 이 유골을 발굴할 수 없었다. 이 뼈들은 아주 부서지기 쉬운 상태라서 옮기려고 했다가는 바스러질 게 분명했다. 게다가 유골은 발견한 바로 그 방위와 환경에 있을 때 가장 가치 있었다. 그러니 큰 그림에서 봐야 유골이 어떻게 이 경사면에 도달했는지 알 수 있을 터였다. 그런데 이 모든 정보를 보존할 유일한 길은 유골 전체를 흩뜨리지 않은 채 한꺼번에 라이징 스타 동굴계에서 꺼내 연구실로 가져가 보존 처리를 하고 분석하는 것이었다. 우리는 전에도 부서지기 쉬운 뼈를 다룬 경험이 있었지만 이번 시도는 규모가 완전히 다른 도전이었다. 무언가 계획이 있어야 했다.

2017년 9월 말이 다가오는데도 힐 곁굴의 유골은 여전히 살짝만 드러난 채 그 자리에 있었다. 우리는 유골 주변을 파내 퇴적물이 기둥처럼 유골을 떠받치게 한 다음, 이 퇴적물 기둥 위에 석고 반죽을 부어 유골을 보호하기로 의견을 모았다. 그다음부터는 석고 재킷*을 슈트로 들어 올려 라이징 스타 밖으로 운반만 하면 되었다. 쉬운 일이었다. 이론상으로는 말이다.

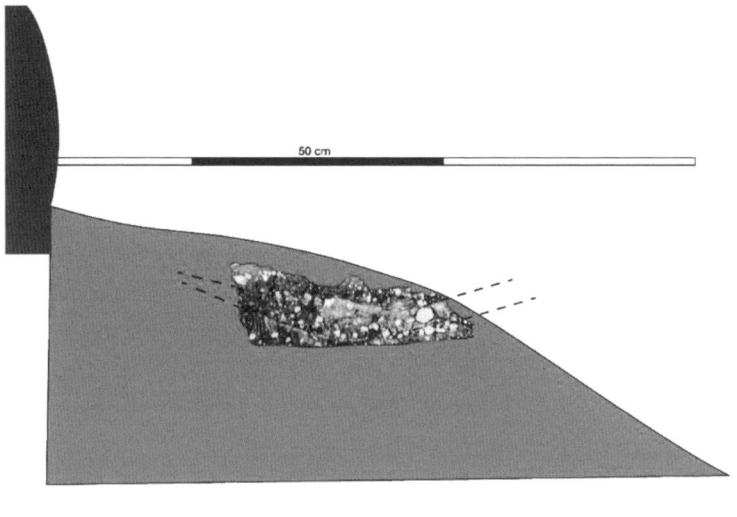

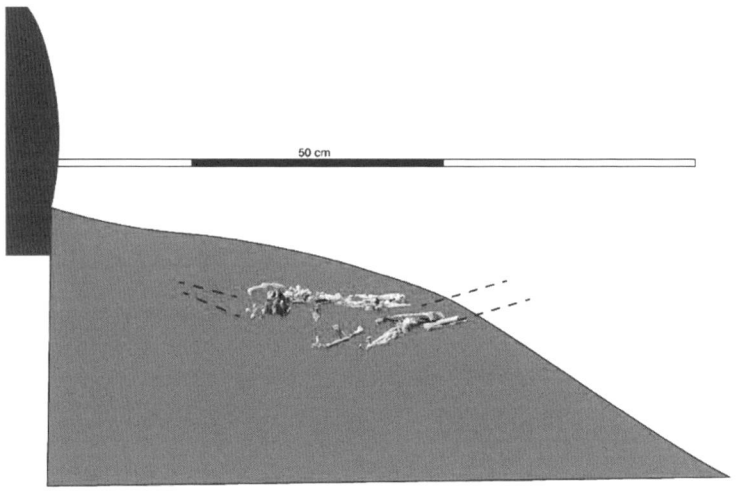

▶ 힐 곁굴에서 발견한 화석은 맨 위의 퇴적물과 다른 각도로 놓여 있어 세 개체를 이곳에 의도적으로 매장했다는 가설을 뒷받침할 증거를 더한다.

유골 전체를 보호용 석고 재킷으로 주조하려던 계획은 유골의 크기 때문에 차질을 빚었다. 무엇이든 슈트를 통과하려면 폭이 19센티미터인 스퀴즈를 빠져나가야 했다. 힐 유골의 길이가 인간 평균 키보다 짧은 편이라지만 그래도 꽉 낄 것 같았다. 우리는 여러 달 동안 치수를 재고, 투시도를 살펴보고, 유골을 계속 발굴했다. 2018년 3월, 드디어 우리는 계획을 세웠다. 위험한 계획이었다.

유골을 바닥에서 분리한 뒤 크기를 재보니 높이가 1미터, 폭이 30센티미터에 달했다. 슈트로 끌어 올리기에는 너무 컸다. 그런데 퇴적물 가운데를 지나는 부분에 뼈의 흔적이 없었다. 그래서 천천히 그리고 신중하게 이 구획의 퇴적물을 제거해 기둥을 두 덩어리로 분리했다. 단원들이 고대 유골을 둘로 절단하는 모습을 컴퓨터 모니터로 지켜보는 심정을 묘사하기는 어렵지만, 그래도 비유해 본다면 팀원들이 내 아이를 수술하는 모습을 모니터로 지켜보는 것과 같다고 말할 수 있겠다. 진땀 나는 순간이었다.

단원들이 두 유골 덩어리 사이에 깊은 홈을 파자마자 작은 덩이를 비닐로 감싼 뒤 석고를 씌웠다. 석고가 굳자 단원들이 작은 덩어리를 바닥에서 분리하고, 잘린 표면에 석고를 발라 완전히 밀폐된 석고 덩어리로 만들었다. 덩어리가 자리했던 바닥의 퇴적물에서 자그마한 원 모양의 주황색 점토를 발견했다. 특이해 보였지만 근처에 수습이 한창인 유골이 있었으므로 나는 이 점토를 금세 잊어버렸다. 이튿날 단원들이 절단한 덩어리를 동굴에서 꺼

• 물에 푼 석고를 천에 적신 뒤 화석에 덮어 만드는 발굴용 보호물을 말한다.

냈다.

　단원들이 남은 덩어리를 다시 두 개로 자른 뒤 (심장이 떨어지는 줄 알았다) 그중 작은 덩어리를 동굴 밖으로 꺼냈다. 이제 마지막으로 남은 가장 큰 덩어리에 탐사 단원 네 명이 비닐을 씌우고 석고를 부은 다음 방수 더플백으로 꼼꼼히 감쌌다. 그리고 디날레디 굴에서 발굴물을 꺼낼 때 사용하던 밧줄에 매달았다. 디날레디에 있던 과학자와 탐사자 모두가 힘을 합쳐 더플백을 위아래에서 살살 밀고 당겨 슈트의 구부러지고 꺾인 곳을 빠져나가게 했다. 이 덩어리는 우리가 그때껏 슈트를 통해 꺼낸 가장 크고 무거운 발굴물이었다. 한 시간 넘게 더플백의 위치와 각도, 방향을 바꿔가며 경로를 찾은 끝에 마침내 우리 귀한 화물이 드래건스백 굴에 무사히 도착했다.

　이제 신나는 일이 우리를 기다리고 있었다. 바로 이 유골을 연구하는 일이었다.

제 9 장

매장의 실마리

우리가 힐 곁굴에서 유골을 꺼낸 지 여섯 달도 더 지난 2018년 11월, 내가 지휘 본부인 스카이라이트 굴에 앉아 디날레디의 퍼즐 상자 근처 두 곳에서 진행되는 새로운 발굴을 감독하고 있을 때였다. 그때 모니터 속 무언가가 내 눈을 사로잡았다. 숨이 턱 막히는 것 같았다.

"발굴을 멈추라고 해야 할 것 같아."

내 말에 케네일루 몰로퍄네Keneiloe Molopyane가 옆으로 다가와 컴퓨터 화면을 실눈으로 바라보았다. 케네일루는 라이징 스타 동굴계에서 활동하는 새로운 세대의 탐사자 중 한 명이었다. 유골에 있는 미묘한 증거를 해석하는 전문 지식이 뛰어났으므로, 우리는 그를 본즈Bones라 불렀다. 고고학과 법의학 양쪽에서 훈련받은 덕분에 케네일루는 문제 해결에 적합한 독특한 관점을 가지고 있었다. 화면에 발굴자의 안전모 뒷면과 굴 바닥의 자그마한 구역이 보였다. 발굴자가 움직일 때마다 헤드램프의 불빛이 획획 움직이며 동굴 주변을 비췄다. 그가 물었다.

"왜 멈춰야 하는데요?"

2018년 두 번째 탐사의 목적은 디날레디 굴의 다른 구역에도 뼈들이 잇달아 빽빽이 쌓인 층이 있는지 확인하는 것이었다. 그런 층이 있다면 뼈들이 자연스럽게 디날레디로 흘러들었다는 뜻일 것이다. 우리는 그런 뼈를 찾으려고 새로운 발굴 구획 두 곳을 파냈다. 한 구획은 퍼즐 상자 남쪽으로 그해 봄 우리가 석고 재킷을 꺼냈던 힐 곁굴 방향이었고, 다른 구획은 퍼즐 상자 북쪽으로 디날레디 굴 벽에 가까운 곳이었다.

남쪽 구획을 발굴하자마자 굴 전체에 걸쳐 뼈가 있을 가능성이 사라졌다. 뼛조각 몇 개를 발견했지만 퍼즐 상자로부터 더 멀리 그리고 더 깊이 바닥을 파낼수록 화석의 수가 줄어들었다. 마치 뼈들이 퍼즐 상자에서 이 방향으로 흘러나온 것 같았다.

그런데 북쪽 구획을 파보니 뼛조각들이 집중적으로 모여 있었다. 마치 한 개체에서 나온 듯 서로 연관되어 보이는 뼛조각들이었다. 큰 매장물의 가장자리를 파낸 것 같아 우리는 이 구획과 가까운 곳에서 또 다른 구획을 파냈다. 이 구획에는 이빨 다섯 개가 그대로 붙어 있는 턱뼈 절반이 있었다. 그리고 커다란 넙다리뼈 하나도 드러났는데 땅에 꽂아놓은 듯한 모양새였다. 발굴자들이 한 번에 한 숟가락씩 퇴적물을 제거하자 기내 휴대용 가방 크기인 가로 60센티미터, 세로 30센티미터인 구획에 뼈가 집중적으로 쌓여 있었다. 그래서 그 근처를 열심히 파냈는데 이상하게도 주변 퇴적물에는 뼛조각이 몇 개밖에 없었고, 몇 곳은 뼈가 하나도 없었다. 이 뼈 더미와 퍼즐 상자 사이에서는 화석이 몇 개만 발견되거나 아예 나오지 않았다. 말이 되지 않았다. 만약 뼈가 굴로 흘러들어 왔다면 왜 화석이 이렇게 몇 곳에만 밀집해 있을까? 밀집한 뼈 더미들 사이에는 왜 아무것도 없을까? 마치 발굴자들이 퇴적물 사이를 수직으로 뚜렷하게 가르는 벽을 발견한 것 같았다.

"굴 바닥에 구덩이가 있는 것 같아. 우리가 파내고 있는 퇴적물을 꼭 누군가가 건드렸던 것처럼 보이거든. 자연스럽게 패인 것 같지가 않아."

케네일루에게 이유를 설명했다. 라이징 스타 동굴계의 퇴적물은 동굴 벽에서 떨어진 가루와 파편이 바닥을 균일하고 일관된 층으로 덮으며 서서히 형성된 것이었다. 그런데 우리가 플라스틱 수저로 떠내는 퇴적물은 그런 수준의 일관성을 보이지 않았다.

"내가 보기에는 매장 유구˚feature와 아주 비슷해."

"그러네요."

눈이 휘둥그레진 본즈가 고개를 끄덕였다.

"발굴자들이 잘못 건드리기 전에 멈춰 세워야겠어."

나는 인터콤 마이크를 켜 발굴자들을 불렀다. 발굴자들이 작업을 멈추고 몸을 일으켜 카메라를 바라보았다.

"무슨 일인데요?"

"내가 뭘 본 것 같아서 알려주려고."

• 집터, 무덤, 배수 시설 등 옛날 사람들이 만든 구조물이 있는 장소를 말한다.

나는 내가 본 것을 묘사하고 설명했다. 카메라 각도에서 보면 누군가가 퇴적물을 건드린 듯 보이는 움푹 들어간 타원형 공간이 새로 발굴한 뼈 무더기와 일치하는 것처럼 보였다. 아주아주 오래전 누군가가 파낸 구덩이 가장자리 같았다.

두 발굴자가 서로 눈빛을 주고받았다. 탐사단에서 가장 노련한 이들은 며칠 동안 이 구획을 파내던 중이었다. 두 사람은 자신들이 하는 일이 무엇인지 정확히 알고 있었고, 내가 컴퓨터 화면으로 지질을 해석하는 동안 직접 디날레디에 있었다.

"우리 생각은 달라요."

그들은 한목소리로 말했고 본즈가 내게 어깨를 으쓱해 보였다. 나는 본즈와 따로 의논할 수 있도록 인터콤의 통화 버튼에서 손을 뗐다.

"우리가 보고 있는 건 굴 바닥을 파낸 구덩이가 확실해. 그래서 이 뼈들이 한군데 모여 있는 거야. 이 구덩이가 무엇인지 알아낼 때까지는 작업을 중지해야 한다고 봐."

본즈가 다시 화면을 바라보더니 말했다.

"교수님이 정확하게 판단했다고 생각해요. 작업을 멈춰야 해요."

나는 인터콤의 통화 버튼을 누르고 발굴자들에게 말했다.

"미안하지만 결정을 내렸어. 우리가 파내고 있는 게 무엇인지 명확해질 때까지 발굴을 멈출 거야."

두 사람의 몸짓에서 실망이 엿보였다. 두 사람은 발굴 도구를 모은 뒤 그날의 마지막 사진을 찍을 준비를 했다.

날레디가 이 공간을 점유했다는 것을 안 뒤로, 우리는 5년 동안 라이징 스타를 탐사하고 발굴했다. 첫 탐사에 나선 지 며칠 지나지 않아, 우리는 날레디가 디날레디 굴을 유해 보관소로 사용했다고 의심할 근거를 찾아냈다. 그 뒤로 발견한 어떤 것도 그 가설을 반증하지 못했다. 도리어 축적된 증거가 여러 대립 가설을 배제했다. 하지만 의도적 시신 처리는 (우리는 이 시점까지 이 용어를 아주 신중하게 사용했다) 매장과 매우 다르다. 시신 처리는 시신을 어떤 공간에 놓아두거나 던져둔다는, 즉 말 그대로 처리한다는 뜻이지만 매장은 시신을 의도적으로 묻은 다음 무언가로 덮는다는 뜻이다. 따라서 매장을 했다는 것은 대체로 인간의 정신에서만 기인하는 개념, 즉 죽음이 영원하다는 개념을 이해했을 뿐만 아니라 매장 절차와 관련한 의식을 가르치고 배웠다는 뜻이 된다. 매장 의식은 정교하다.

우리 호모 사피엔스의 초기 인구에서 발견된 매장 증거는 놀랍도록 드물다. 가장 오래된 명확한 사례는 이스라엘에서 발견된 것으로, 연대가 12만~9만 년 전 사이로 추정된다. 아프리카에서 가장 오래된 매장 사례는 8만 년 전 것으로, 케냐 동부 해안 인근의 팡가 야 사이디panga ya saidi 동굴에서 발견된 어린이 유골이다. 네안데르탈인도 때때로 시신을 매장했는데, 가장 명확한 증거는 이들의 생존 연대에서 꽤 늦은 시기에 나와 10만 년 전에도 미치지 못한다.

매장에는 계획이 필요하다. 사회 집단이 공유하는 의도가 있어야 한다. 다른 동물 대다수는 같은 종에 속하는 구성원의 죽음에 무심하다. 죽은 개체는 무리가 이동할 때 따라 이동하지 못하는 개체에 불과하다. 죽은 개체가 다시 살아나기라도 할 것처럼 죽은 피붙이를 되살리려 하거나 죽은 새끼를 오랫동안 품고 다니는 동물이 관찰되기도 하지만 어쩌다 드물게 나타날 뿐이다. 이런 이유로 몇몇 고고학자는 죽음이 영원하고 우리는 누구나 언젠가 죽는다고 인식할 줄 아는 것이 인간을 정의하는 핵심이라고 생각했다. 그러므로 오랫동안 과학자 대다수는 매장을 오로지 인간만 할 수 있는 행위, 즉 예술, 기호, 언어와 마찬가지로 큰 뇌가 낳은 부산물로 보았다. 이들은 자기가 반드시 죽는다는 사실을 인식하는 것과 매장이야말로 우리를 동물은 물론이고 인류의 모든 조상과도 구분 짓는 특성으로 여긴다.

그러므로 라이징 스타 동굴계에 매장지가 있다는 제안은 과격한 발상이었다. 날레디가 의도적으로 시신을 매장한 유구를 발견했다고 주장하려면 특별한 증거가 있어야 했다.

케네일루 옆에 앉아 디날레디 발굴자들이 짐을 싸는 모습을 지켜보던 나는 우리 작업이 다른 개념의 영역으로 들어서고 있음을 느꼈다. 우리가 사용한 과학적 발굴 방법을 신뢰했지만, 이 방법만으로는 접근하지 못할 차원이 있을 수 있었다. 이 굴이 매장지로 밝혀진다면 이곳은 날레디에게 어떤 추상적 의미가 있는 곳이라는 뜻이었다. 하지만 과학은 의미를 관측하지도, 측정하지도, 이해하지도 못한다. 우리가 할 수 있는 최선은 오래전 과거의 경험을 재창조하는 데 도움이 될 만한 모든 물리적 증거를 아주 사소한 부분까지 빠짐없이 기록해 문서로 남기는 것이었다. 그런데 우리에게는 이미 많은 뼈가, 우리 분야에 종사하는 대다수가 꿈꿔온 발견량을 훌쩍 넘어선 양의 많은 뼈가 있었으므로 우리의 연구 목적은 이제 유골을 넘어서고 있었다. 우리는 파악하기 더 어려운 무언가를 향해 손을 뻗고 있었다.

※

우리가 날레디 매장지를 파내고 있을 가능성이 점점 더 커졌다. 2019년까지 우리는 라이징 스타 동굴계의 여러 구역, 그러니까 퍼즐 상자, 디날레디 굴, 디날레디 굴에서 100미터 넘게 떨어진 레세디 굴 그리고 힐 곁굴에서 날레디 화석을 찾아냈다. 지질학적 자료는 풍부했지만 자료가 발견된 환경들이 상이해 우리가 의도했던 일관된 그림을 그리기 어려워졌다. 화석의 연대를 밝히는 데 애를 먹었으므로 동굴계의 다른 구역이 동시에 사용되었는지 다른 시기에 사용되었는지 판단할 수 없었고, 따라서 우리가 발견하는 날레디 개체들이 서로 연관된 사건들을 나타내는지도 추정할 수 없었다. 디날레디 굴 하나에서조차 우리가 찾아낸 다양한 날레디 유골의 연대가 10만 년 이상 차이 나지 않는다고, 즉 모두 33만~23만 년 전에 속한다고 증명할 길이 없었다. 당시 상황과 현재 우리가 이용 가능한 방법으로는 더 높은 정확도를 확보하기 어려웠다. 전체 유물군에 적용하기에는 당시 사용한 연대측정법의 정확성 또한 충분하지 않았으므로, 우리가 주장할 수 있는 것은 연대의 범위뿐이었다.

그래도 우리는 발견한 유골들이 종잡기 어려운 날레디를 명확히 이해하는 데 실마리가 되어주기를 바랐다. 우리는 디날레디의 발굴하지 않은 유구(무덤일 가능성이 컸다)에 매장된 유골이 있지 않을까 생각했다. 물론 우리에

▶ 힐 곁굴에서 찾아낸 유구의 CT 사진으로, 이빨 뿌리를 둘러싸는 뼈인 치조골의 주변은 썩어 사라졌지만 머리뼈 내부에 있었을 어린아이 치아 한 벌이 보인다.

게는 슈트를 통해 끌어 올린 힐 곁굴 표본이 있었다. 디날레디의 사례를 고려해 네오의 유골이 굴 바닥 위쪽 우묵한 곳에 있었던 레세디도 매장지 후보로 넣었다.

 힐 곁굴 유골은 날레디의 매장을 확인할 가장 유력한 증거였다. 유골을 품은 석고 재킷은 2018년부터 비트바테르스란트대학교의 내 연구실에 놓여 있었다. 마침내 이 유골에 주목할 때가 왔다.

우리는 먼저 작은 덩어리 두 개를 마이크로 엑스레이 CT로 촬영했다. 이 장치는 엑스선을 이용해 물체를 0.1밀리미터보다 더 얇은 절편으로 나눠 단층 촬영을 한다. 촬영 뒤에는 컴퓨터 프로그램으로 단층 영상들을 결합해 고해상도 3D 사진으로 만든다. 둘 중 더 작은 덩어리에는 뼛조각 몇 개만 들어 있었지만, 조금 큰 덩어리에는 넙다리뼈 일부와 정강뼈 일부, 골반 하나, 손가락뼈나 발가락뼈가 들어 있었다. 분명히 한쪽 다리의 일부였다.

셋 중 가장 큰 덩어리는 마이크로 CT 촬영기로도 촬영할 수 없었으므로, 나는 샤로테마세케요하네스버그대학병원에서 방사선 전문의로 일하는 아내 재키의 도움을 받았다. 아내의 주선 덕분에 병원의 의료용 CT 촬영기를 사용할 수 있었다. 비록 0.5밀리미터 두께로만 촬영할 수 있었지만, 그렇게 얻은 영상도 많은 정보를 드러냈다.

먼저 밝은 흰색의 이빨 한 벌이 드러났다. 모두 순서대로 놓여 있는 윗니가 여전히 위턱에 박혀 있는 듯 아치를 그렸다. 근처에 아랫니 여러 개가 뭉쳐 있었다. CT를 아래로 내려보니 뼛조각 수백 개가 뒤섞여 있었다. 갈비뼈, 팔뼈 그리고 손뼈였을 뼈들이었다. 더 아래로 내려가니 관절로 연결된 발가락 다섯 개가 보였다. CT 촬영은 조짐이 좋은 초기 조사였지만, 사실 화석 데이터를 종합하는 데는 한계가 있었다. CT가 의료용으로 설계된 장치인지라 고인류학자들이 많은 시간을 쏟아 촬영 영상을 직접 여러 부분으로 나눈 뒤, 광범위한 촬영 과정에서 놓쳤을지 모를 모든 화석 조각을 하나하나 확인해야 했다. 나는 이 무거운 짐을 존 호크스에게 넘겼다.

▲ 말라파 동굴 근처에서 바라본 인류의 요람이다. 리 버거 탐사단이 이곳에서 오스트랄로피테쿠스 세디바를 발견했다.

◀ 발굴 단원인 마리나 엘리엇이 라이징 스타 동굴계의 중앙 출입구에서 가까운 스카이라이트 굴에 걸터앉은 모습이다.

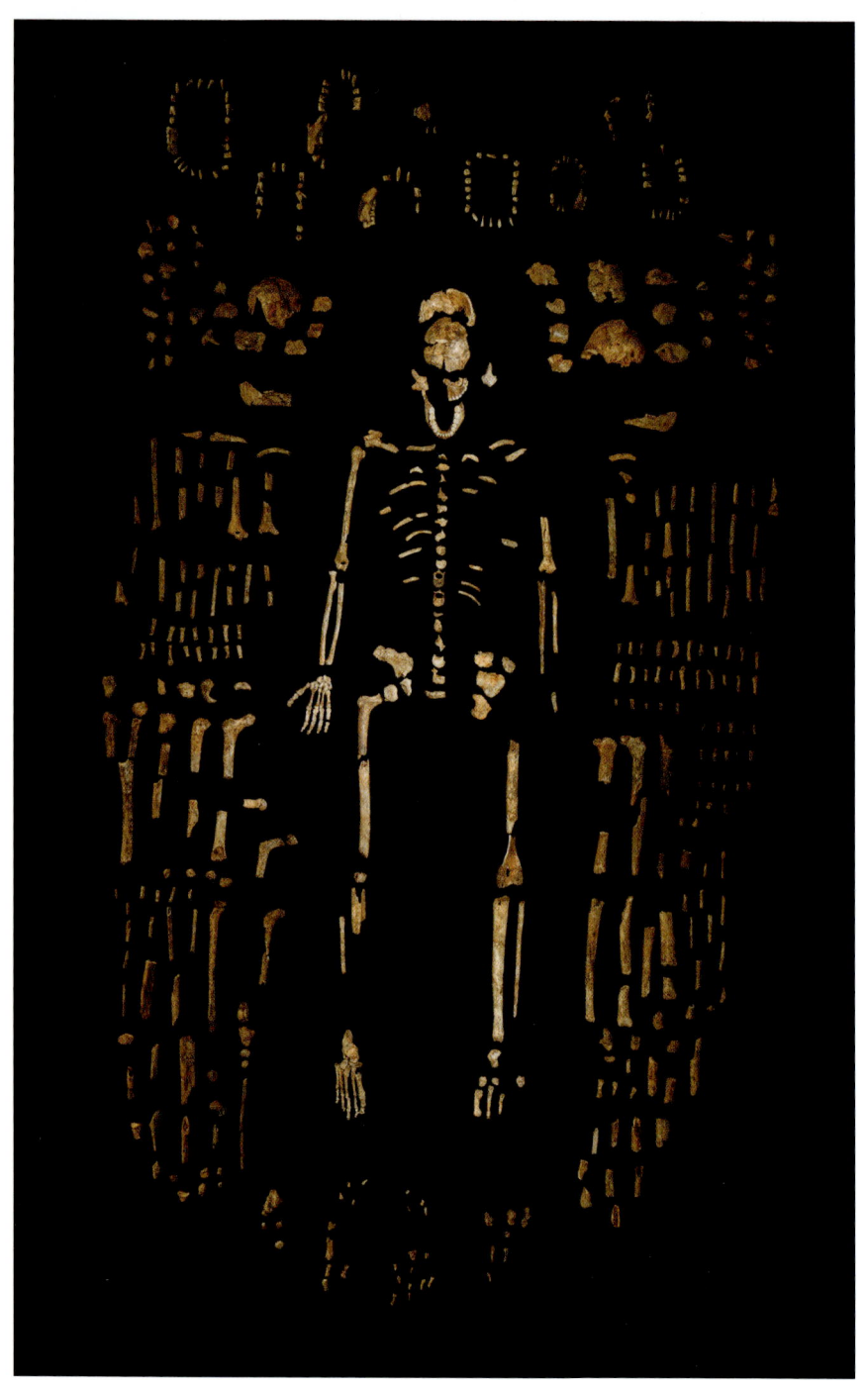

▶ 디날레디 굴에서 발굴한 화석 뼈들이다. 여러 개체에서 나온 것으로 호모 날레디 신체의 거의 모든 부위를 보여주고 있다.

▶ 고생물 예술가 존 거치가 해석한 날레디 개체의 모습이다. 머리카락과 피부색은 추정이지만 얼굴 모양은 인간, 대형 유인원, 날레디 화석 뼈의 해부학적 구조를 근거로 삼았다.

▲ 아거스틴 푸엔테스(왼쪽)와 존 호크스(오른쪽)가 2022년 드래건스백 굴 탐사를 지휘 본부에서 감독하는 모습이다.

▼ 리 버거(왼쪽), 더크 반루옌(가운데), 마타벨라 치코아네(오른쪽)가 탐사 계획을 검토하고 있다.

116

▲ 발굴 단원 지니카 람사와크(왼쪽)와 에리카 노블(오른쪽)이 드래건스백 굴의 발굴 구획에서 작업하는 모습이다.

▼ (위쪽부터) 마리나 엘리엇, 애슐리 크루거, 더크 반루옌이 힐 곁굴에서 발굴 과정을 살펴보고 있다.

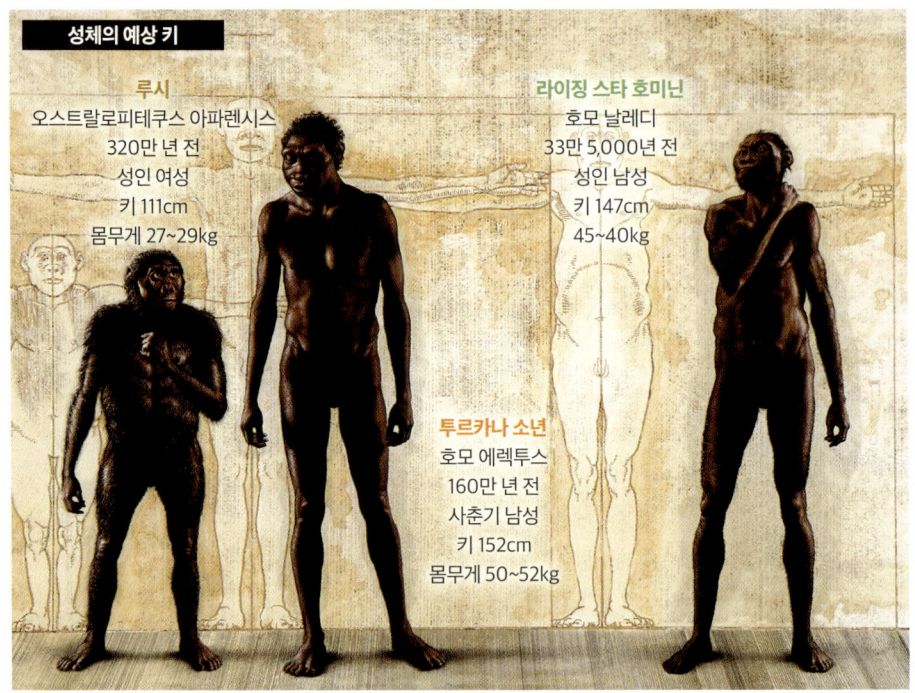

성체의 예상 키

루시
오스트랄로피테쿠스 아파렌시스
320만 년 전
성인 여성
키 111cm
몸무게 27~29kg

라이징 스타 호미닌
호모 날레디
33만 5,000년 전
성인 남성
키 147cm
45~40kg

투르카나 소년
호모 에렉투스
160만 년 전
사춘기 남성
키 152cm
몸무게 50~52kg

▲ 호모 날레디는 오스트랄로피테쿠스 아파렌시스(왼쪽)와 호모 에렉투스(가운데)에 견주어 신체 구조와 선 자세는 사람과 비슷하면서도 뇌와 어깨는 오스트랄로피테쿠스에 더 가까웠다.

▼ 발 모양으로 보건대 날레디는 사람처럼 이족보행을 했다. 손은 넓적한 손가락 끝, 강한 엄지손가락, 도구 사용을 암시하는 손목, 무언가를 기어올랐을 굽은 손가락처럼 다양한 특성을 드러낸다.

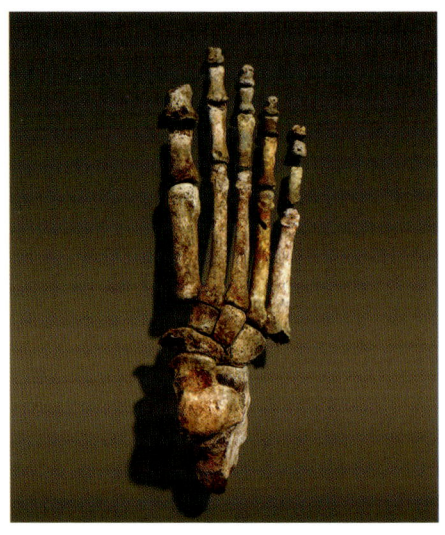
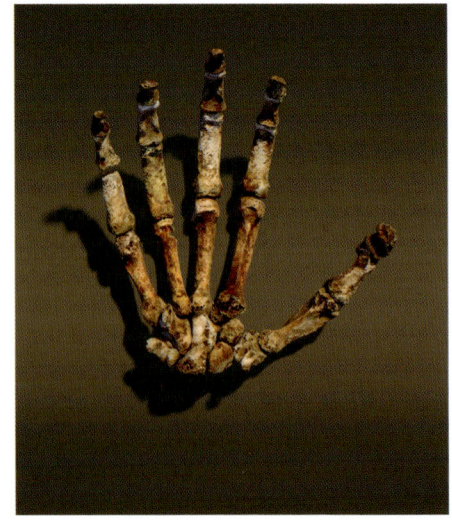

부분 화석을 합쳐놓은 모습

합성한 골격이 호모 날레디의 전체 신체 구조를 드러낸다. 어깨, 골반, 몸통은 고생인류를 떠올리게 하지만, 하체는 인간에 더 가까운 적응을 보여준다. 머리뼈와 이빨은 양쪽이 혼합된 특성을 보인다.

호모속의 특성

사람과 비슷한 머리뼈
머리뼈의 전체 모양은 발달했지만, 뇌머리뼈는 현생인류의 절반에도 미치지 않는다.

다재다능한 손
손바닥, 손목, 엄지 손가락은 사람과 비슷해 도구 사용을 암시한다.

긴 다리
다리뼈는 길고 가늘며, 이족보행을 하는 현생인류의 특징인 강한 근육이 붙어 있다.

사람과 비슷한 발
약간 구부러진 발가락을 빼면 구분이 어려울 만큼 우리 발과 비슷하며, 오목 들어간 발바닥으로 보아 성큼성큼 큰 보폭으로 걸었을 것이다.

오스트랄로피테신의 특성

원시적 어깨
어깨가 기어오르기와 매달리기에 유리했을 형태로 자리 잡고 있다.

벌어진 골반
골반은 원시적 특성을 보여 바깥쪽으로 벌어졌고, 현생인류에 견주어 앞뒤로 짧다.

굽은 손가락
나무를 오르는 데 유용한 길고 구부러진 손가락은 유인원에 더 가까운 조상에게서 물려받은 특성일 것이다.

 호모 날레디의 골격을 세부적으로 묘사했다.

▲ 남아프리카공화국에서 열린 호모 날레디의 첫 공식 발표 모습이다. 2025년 현재 남아프리카공화국 대통령이자 발표 당시 부통령이었던 시릴 라마포사가 날레디 머리뼈의 복제품을 들고 있다.
▼ 2013년 11월, 라이징 스타 탐사단이 디날레디 굴에서 첫 머리뼈 화석을 꺼낸 뒤 축하하는 모습이다.

▲ 2022년 여름, 리 버거가 슈트에서 드래건스백 굴로 간신히 빠져나오고 있다.

▼ 본즈라 불리는 발굴자 케네일루 몰로퍄네가 드래건스백 굴에서 진행되는 발굴을 점검하고 있다.

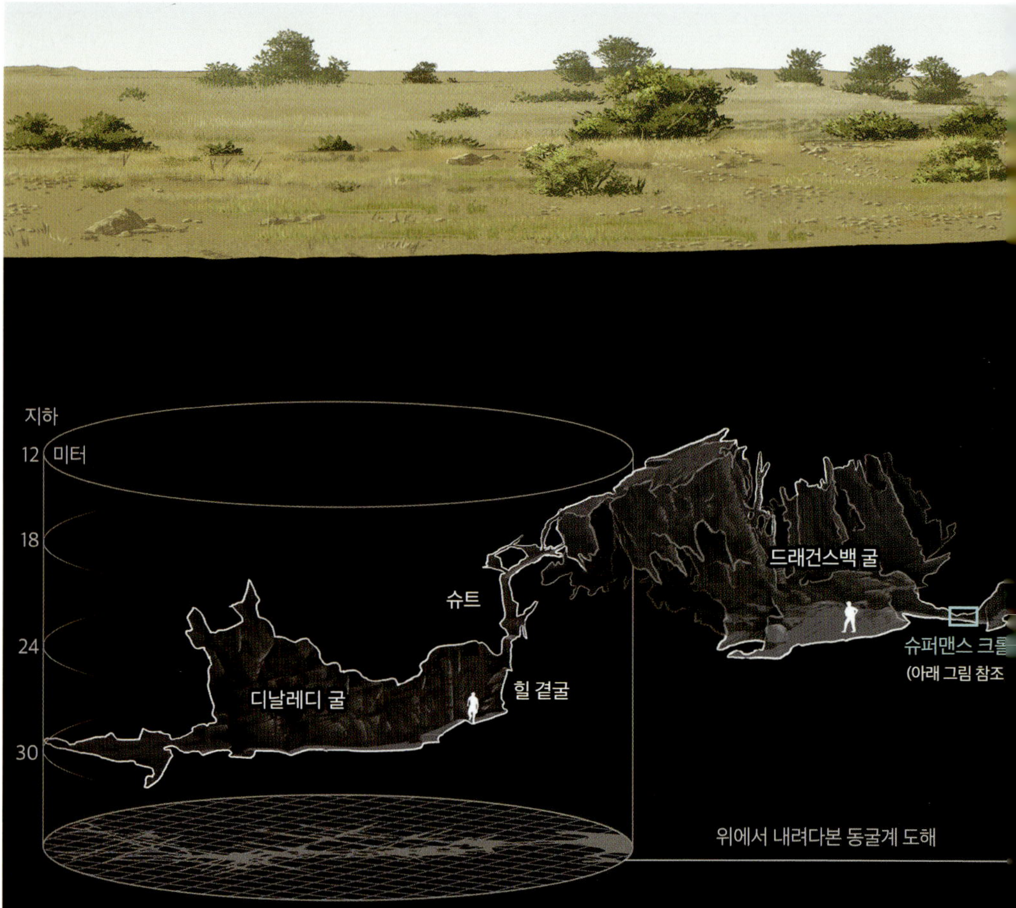

지하	
12	미터
18	
24	
30	

드래건스백 굴

슈트

디날레디 굴

힐 곁굴

슈퍼맨스 크롤
(아래 그림 참조)

위에서 내려다본 동굴계 도해

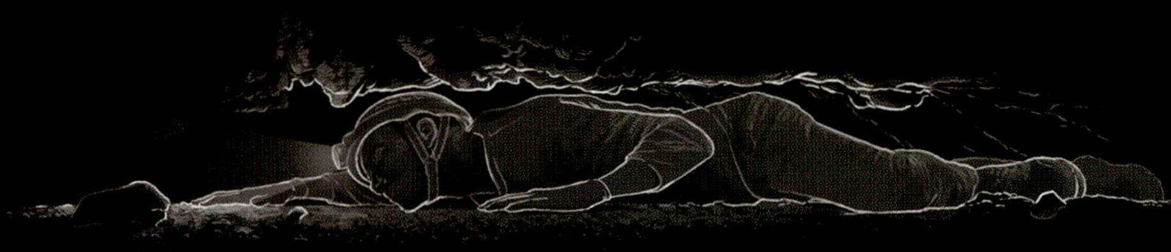

리 버거와 동료 탐사자들이 라이징 스타 동굴계를 지나 디날레디 굴로 간 경로는 길고 험난했다. 이 경로는 뻥 뚫린 굴, 슈퍼맨스 크롤과 슈트 같은 좁은 통로를 모두 포함한다. 바로 옆 123쪽 하단에 그려진 호모 날레디와 호모 사피엔스의 그림을 토대로 해부학적 특징을 고려한다면, 이런 공간에서 호모 날레디는 우리와는 다른 난관을 마주했을 것이다.

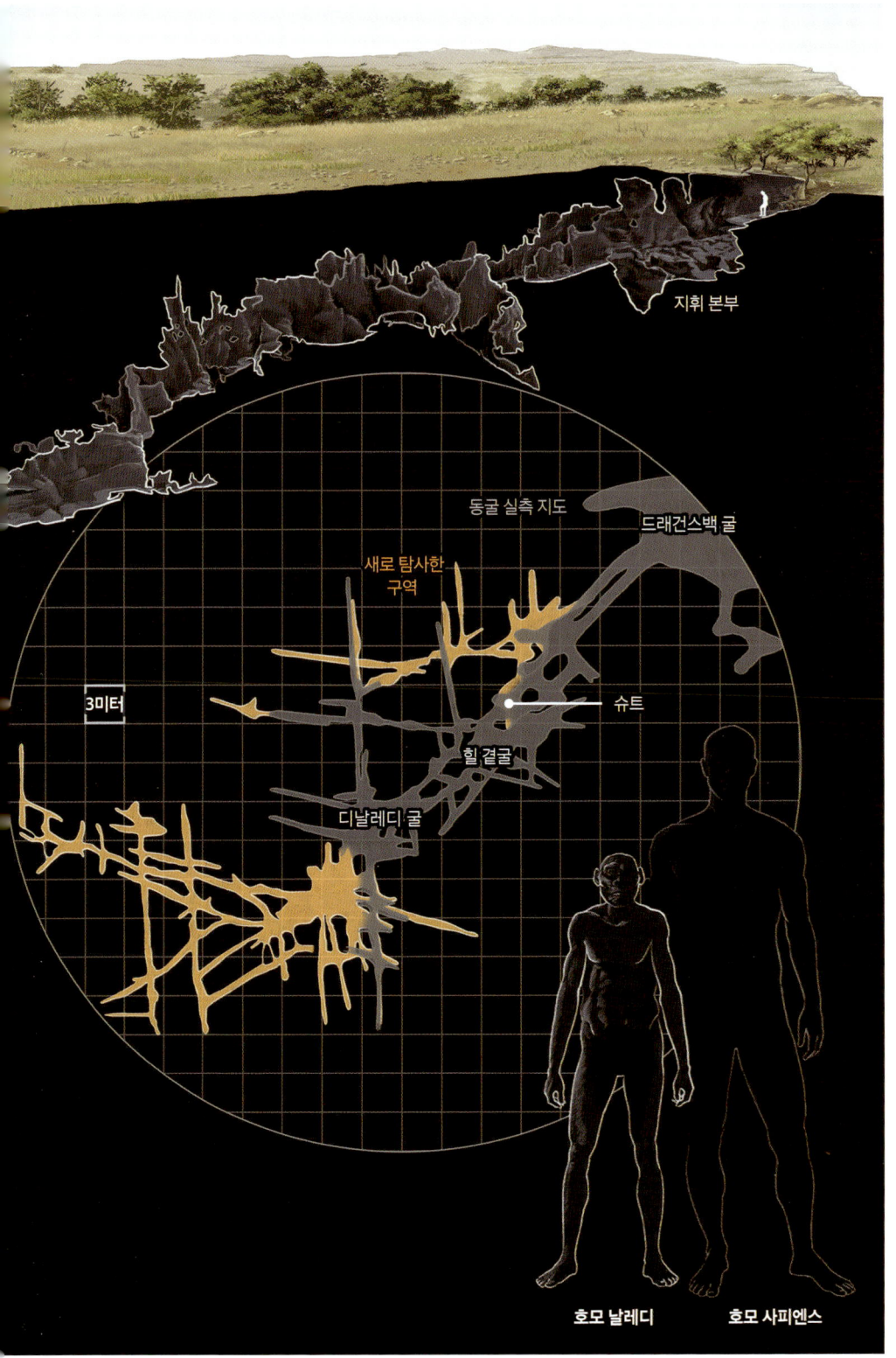

▲ 디날레디 굴에서 발견한 매장 유구다.
▼ 동일한 매장 유구를 3D로 복원한 모습으로 팔뼈(왼쪽)와 다리뼈(가운데와 오른쪽)를 포함해 발굴한 모든 뼈가 원래 위치에 있는 모습을 보여준다.

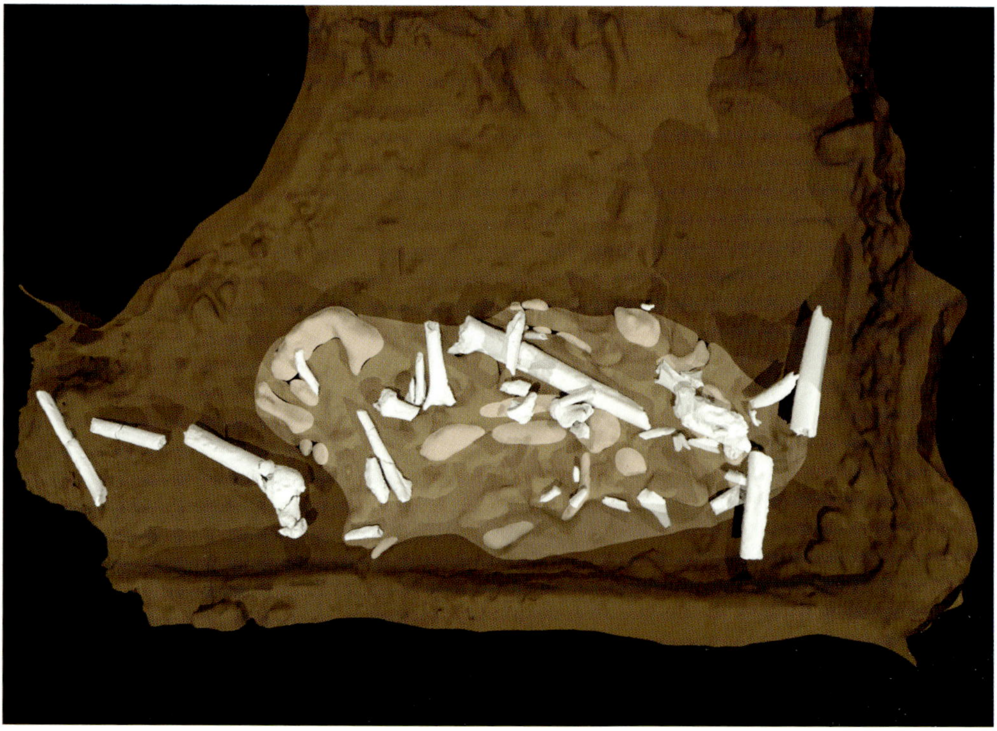

▲ 리 버거가 디날레디 굴 벽면에서 발견한 새김무늬를 살펴보고 있다.

▼ 편광 필터로 찍은 그물눈 무늬. 아래쪽으로 내려가면 무늬의 선이 스트로마톨라이트 stromatolite 화석과 맞닿는다.

▼ 파란색은 디날레디에 새겨진 그물눈 무늬, 빨간색은 6만 년 전 네안데르탈인이 고램 동굴에 새긴 그물눈 무늬다. 두 무늬의 유사성에 단원들이 모두 깜짝 놀랐다.

125

▲ 라이징 스타 굴의 돌무더기. 그을음과 탄 흔적으로 보아 난로로 쓰였을 것이다.

◀ 디날레디 굴 너머 깊은 틈에서 발견한 머리뼈를 복원한 것이다. 잃어버린 자라는 뜻의 레티멜라 letimela라는 이름이 붙은 이 머리뼈와 다른 발굴물의 관계는 아직도 비밀에 싸여 있다.

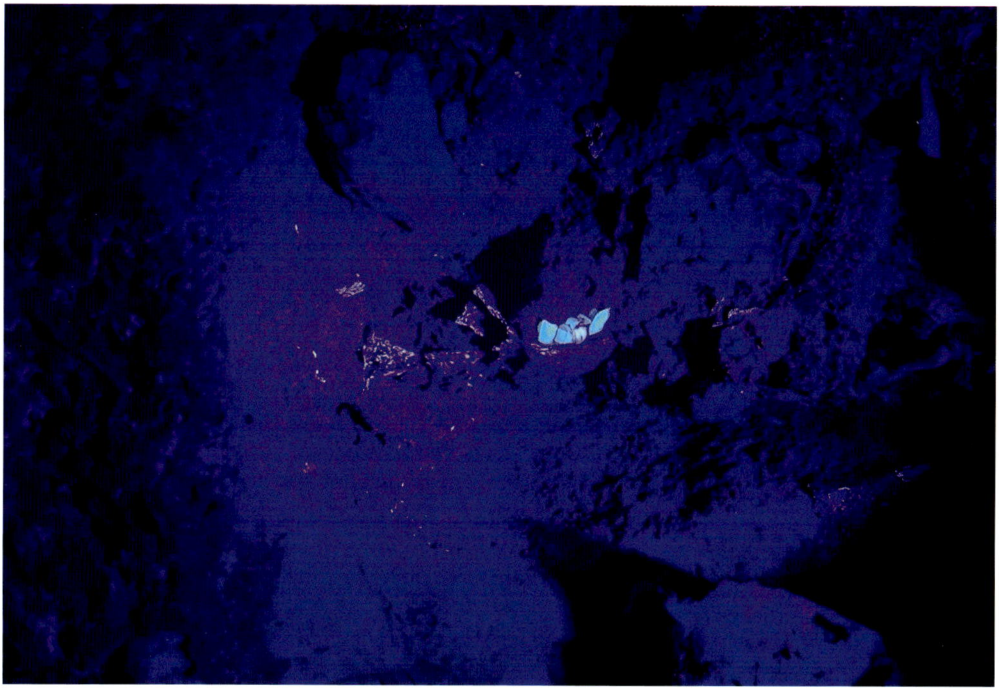

▲ 적어도 이빨 두 개를 포함한 호미닌의 턱뼈 일부가 드래건스 백 천장에서 자외선을 받아 빛났다.

▼ 드래건스 백 굴에서 발굴 작업 중인 단원 세라 존슨이 화석일 가능성이 있는 발견물에서 퇴적물을 털어내고 있다.

▶ 카메라가 달린 안전모를 쓴 리 버거가 슈트를 타고 올라가 디날레디 굴을 빠져나가는 일생일대의 등반을 준비하고 있다.

2020년 1월, 나는 프랑스 그르노블 유럽싱크로트론방사시설European Synchrotron Radiation Facility, ESRF에서 진행할 발표를 준비하고 있었다. 유럽싱크로트론방사시설은 화석 유골을 미세 3D 영상으로 촬영하는 실력이 세계 제일인 연구소로, 세계에서 손꼽게 강력한 엑스선을 이용해 화석, 뼈, 이빨의 내부를 놀랍도록 뛰어난 해상도로 촬영한다. 힐 곁굴에서 발굴한 유골을 연구하기에 완벽한 방법이었으므로, 나는 유럽싱크로트론방사시설이 유골 덩어리를 부수지 않고도 안쪽에 무엇이 들어 있는지 파악할 더할 나위 없이 적합한 곳이라고 생각했다. 그런데 이때 미국에서 갓 돌아온 존이 내 사무실로 찾아왔다.

"와서 이거 좀 보세요."

존이 자기 노트북을 켜며 말했다. 그의 어깨 너머로 뼈를 찍은 영상이 보였다.

존은 자신이 지난 몇 달 동안 힐 곁굴 유골의 CT 영상들(2,000개가 넘었다)을 여러 부분으로 나눈 뒤 식별할 수 있는 뼈와 이빨을 모두 표시했다고 설명했다. 내게 보여준 영상은 유골 덩어리 안에 들어 있는 모든 것을 시각적으로 가장 잘 보여주고 있었다.

존이 키보드를 몇 번 두드려 데이터를 불러오자 완전에 가까운 유골이 눈에 들어왔다. CT 영상에서 이빨과 발은 알아보았지만 존이 진행한 작업은 새로운 세부 정보를, 그것도 까무러치게 놀라운 정보를 내놓았다. 골격을 구성하는 뼈들이 보였고, 뼈 몇 개에서는 뼈끝이 또렷했다. 뼈끝은 뼈의 성장을 도와 대개 몸이 성숙해지면 완전히 발육한 뼈로 바뀌는, 긴뼈 양쪽 끝의 융합되지 않은 둥근 부위다. 그런 뼈끝이 이 표본에 남아 있다면 이것은……. 존이 내 눈을 마주 보며 말했다.

"관절이 거의 형성된 어린이 유골이에요."

내 평생 그런 영상은 처음이었다. 빨래 바구니보다 더 작은 공간에 웅크리고 있는 이 개체는 날레디인 것이 거의 확실한 어린아이였다.

"가장 알고 싶었던 건 뼈의 배열에 어떤 원칙이 있는지였어요. 바닥에 있는 저 발 보이죠?"

존이 말했다. 우리가 CT 단층 영상에서 본 바로 그 발이었다. 그 위에 뼛조각 여러 개가 놓여 있고, 그 위에 또 다른 뼈 하나가 더해져 있었다. 내가 물었다.

"다리뼈인가?"

"정강뼈와 종아리뼈요. 둘 다 부서졌고요."

존이 가장 높은 쪽에 있는 뼈를 가리켰다.

"이건 넙다리뼈의 일부 같아요."

존이 말하는 동안 나는 머릿속으로 유골의 전체 해부학적 구조를 그려 보았다. 아이가 태아 자세처럼 무언가의 안에 웅크리고 있었다.

"발밑에 있는 퇴적물 덩어리가 구덩이의 바닥 같아요. 퇴적물 덩어리가 오목한 층을 형성하거든요. 동굴에서 석고 재킷을 만들려고 이 덩어리 아래쪽을 잘랐던 거 기억하죠? 바닥에 황토로 형성된 원이 있었잖아요. 그게 디 날레디에 파인 구덩이의 윤곽이었어요."

영상을 자세히 들여다보았다. 존이 설명한 대로 CT 영상에 주변과 다른 짙은 선이 보였다. 분명히 퇴적층에 변화가 있었다. 굴 바닥의 이 부분은 그저 완만하게 형성된 흙먼지가 아니었다. 퇴적층에 일어난 교란이었다.

"그러니까 이 구덩이가 저 경사면에 파였다는 거지? 자연적인 구덩이가 아니라는 거네?"

나는 섣부른 추정을 내릴까 두려웠다.

"디날레디 굴의 경사면은 각도가 거의 45도예요. 지면 아래 퇴적층도 그 각도를 따르고요. 그렇다면 이 오목한 구덩이가 어떻게 거기 있었던 걸까요? 게다가 발의 각도도 경사면 각도와 달라요. 구덩이 바닥을 따라 경사면과 반대 방향으로 엇갈려 있죠."

존의 말이 맞았다. 이 구덩이는 경사면이 자연스럽게 함몰해 움푹 파인 곳일 리가 없었다. 유골은 굴 바닥의 각도와 평행하는 주변 퇴적층과 뚜렷이 엇갈린 채 놓여 있었다.

너무 놀라 아무 말도 할 수 없었다. 존이 내게 보여준 영상은 유골이 슈트 아래로 떨어져 디날레디 표면에 가만히 있다가 흙에 뒤덮인 것이 아님을 처음으로 밝힌 명확한 증거였다. 누군가가 굴에 구덩이를 파고 그 안에 시신을 넣은 다음 흙으로 덮었다.

"이 아이는 믿기지 않게 놀랍군."

내가 나즈막하게 말하자 존이 말을 이었다.

"**아이들**이죠."

"한 명이 아니라는 거야?"

나도 모르게 눈썹이 올라갔다. 존이 영상을 회전시켰다. 그리고 유골 근처에 있는 또 다른 이빨 뭉치를 가리켰다.

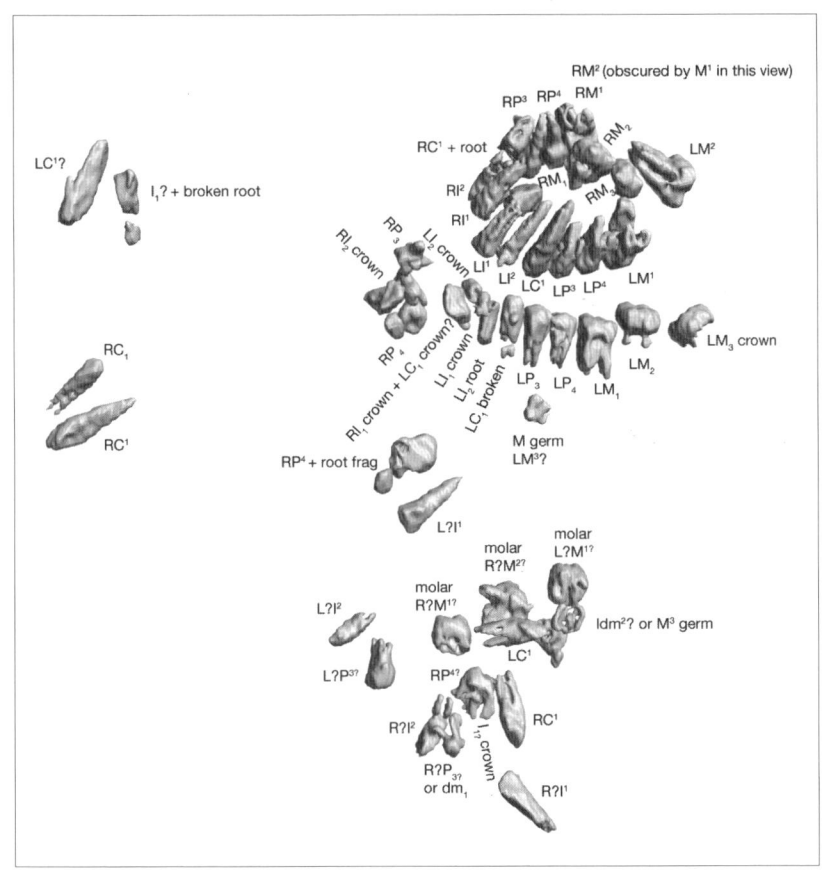

▶ 힐 곁굴 매장지에서 발견한 이빨을 의료용 CT로 촬영한 뒤 그 영상을 이용해 복원한 결과물로 이빨이 놓인 방향을 보여준다. 이빨은 세 개체에서 나왔고, 한 벌은 어린이 유골의 일부로 마치 턱과 머리뼈 속에 있는 듯 가지런히 모여 있다.

 "저기 적어도 두 개체에서 나온 이빨들이 있는 것 같아요. 한 개체는 방금 본 유골보다 어린 아이고요. 다른 하나는 나이가 많을 겁니다."

 이빨을 세어보았다. 존이 맞았다. 믿기지 않는 일이었다. 그러나 아직 존은 하고 싶은 이야기가 더 있었다.

"여기 또 다른 개체가 있을지 몰라요. 엄청나게 어린 개체의 것이었을 자그마한 뼈 같은 게 보이거든요. 몇 시간째 확인해보려 했는데 아직 확신이 서지는 않네요."

존이 내게 조금 흐릿한 영상 몇 개를 보여주었다. 자그마한 대롱 모양으로 보아 실제로 다 자라지 않은 뼈몸통이었을지도 모를 일이었다.

우리는 아침나절이 다 가도록 25만 년 전 고등학교 졸업 앨범을 들여다보듯 영상들을 앞뒤로 넘기며 살펴보았다. 존이 계속 세부 사항을 언급하는 사이, 나는 영상들을 종합해 전체 줄기를 잡았다. 구덩이를 파 마련한 무덤에 태아와 비슷한 자세로 안치된 어린이 유골 한 구와 같은 구덩이에 들어 있거나 바로 옆에 놓인 유골 두세 구를 보았다. 유골 덩어리 안의 뼈를 하나하나 살피며 각 뼈가 같은 유골에 속하는지 확인하려 했다. 그런데 그때 존이 띄운 영상에 초승달 모양의 물체가 나타났다. 뼈보다 밀도가 높고, 가장 완전한 유골 한가운데에 있는 물체였다. 내가 물었다.

"저건 뭐지?"

"아."

존이 무슨 말인지 안다는 듯 만족스러운 미소를 지으며 커피를 한 모금 마셨다. 존이 마지막을 장식할 셈으로 남겨둔 영상이었다. 그가 의자에 등을 기대며 말했다.

"그건 돌멩이예요. 유골의 손 바로 옆에 놓여 있었고요. 도구인 것 같아요."

나는 말로는 도저히 표현할 수 없을 만큼 크게 놀랐다. 존이 CT 영상을 꼼꼼히 살펴본 덕분에 날레디 매장을 뒷받침할 가장 설득력 있는 그림이 나온 것도 모자라, 매장지 안에 있는 돌멩이가 석기일 가능성까지 드러났다. 우리 탐사단의 발견이 점점 더 복잡해지는 만큼 논란의 여지도 커지고 있었다.

제 1 0 장

전환점

19~20세기에 인간의 고유성을 신봉한 믿음의 중심에는 "도구가 사람을 만든다"라는 오랜 격언이 있었다. 그런데 이 명제가 심각한 시험대에 올랐다. 계기는 세계적 석학이자 동물학자인 제인 구달Jane Goodall이 탄자니아 곰베국립공원에서 흰개미 낚시 도구를 만드는 침팬지를 관찰했다고 알리면서부터다. 그 뒤로 반세기 동안 댐이 무너져 물줄기가 쏟아지듯 많은 동물이 특별한 용도에 따라 물체를 변형해 적합한 도구를 만든다는 사실이 여러 연구에서 잇달아 증명되었다. 심지어 새처럼 뇌가 작은 동물조차 도구를 사용하는 것이 밝혀졌다.

그런데 어떤 이유에서인지 호미닌에서는 화석 기록상 뇌가 큰 종만이 도구를 사용했다는 견해가 굳어졌다. 석기나 골각기의 사용이 침팬지보다 뇌가 크지 않은 호미닌인 초기 오스트랄로피테신으로까지 거슬러 올라간다는 것이 확실해진 지는 10년 남짓이다. 그런데도 사람과 더 비슷해 보이는, 즉 뇌가 더 크거나 이빨이 더 작은 호미닌만이 정교한 도구를 만들었다는 견해가 여전했다. 이 견해가 학계의 신념 체계에 스며들었다. 동아프리카에서 발견된 단순한 가공 석기인 올도완oldowan 유물군은 오스트랄로피테쿠스 보이세이(Australopithecus boisei)가 아니라 호모 하빌리스가 만든 것이 틀림없다고 믿었다. 보이세이는 정말이지 도구 제작자처럼 보이지 않았다! 더 정교한 주먹도끼인 아슐리안acheulean 석기는 틀림없이 호모 에렉투스가 만들었다고 생각했다. 호모 에렉투스와 아슐리안 석기를 연계할 확실한 증거를 발견해서가 아니라, 아슐리안 석기가 나타난 시기에 살았다고 알려진 종 중에 호모 에렉투스의 뇌가 가장 컸기 때문이다. 간단히 말해 고인류학에서 보기에는 정교해지는 도구가 커지는 뇌와 불가분 관계였다. 우리 발굴물, 특히 힐 곁굴 매장지에서 나온 도구 모양의 돌멩이가 학계의 이 가설을 위협할 가능성이 있었다.

나는 CT 영상에서 얻은 데이터를 이용해 3D 프린터로 돌멩이의 복제품을 만들었다. 날레디 어린이가 쥐었을 것 같은 무언가를 내 손으로 직접 쥐어보고 싶었다. 복제한 돌멩이는 길이 15센티미터, 가장 넓은 폭이 4센티미터로 스위스 군용칼과 크기가 비슷했다. 그래서 내 손에 딱 들어맞았다. 한쪽 끝이 두꺼웠지만 다른 쪽 끝으로 갈수록 가늘어졌고, 한쪽 가장자리는 칼날처럼 날카로워 보이기까지 했다. 안쪽에 독특하게 움푹 파인 자국도 있었다. 이 홈이 돌을 가다듬을 때 생긴 깎인면인지 궁금해졌다.

만약 이 돌멩이가 도구라면 이는 우리가 라이징 스타에서 날레디 유골과 함께 발견한 첫 인공 유물, 즉 누군가가 **만든** 물건이었다. 하지만 이것이 정말로 도구였을까? 석기 전문가들에게 복제품을 보여주었더니, 몇몇이 20만~10만 년 전 중석기시대의 칼날과 비슷하다고 말했다. 그런데 어디서 나온 것인지를 듣더니 한발 물러나 도구라 부르기를 꺼렸다. 몇몇은 매장을 다룬 내 보고서에서 이 돌멩이를 아예 빼라고 설득하기까지 했다. 지질학적 증거와 골격 증거만이 유의미하다는 것이 이유였다. 돌멩이는 사안을 더 혼란스럽게만 할 뿐이었다.

하지만 나는 그런 추론 방식을 받아들일 수 없었다. 그 돌멩이는 분명히 뼈와 함께 석고 재킷 안에 들어 있었다. 누구라도 우리가 촬영한 CT 영상을 본다면 돌멩이를 알아볼 것이 분명했다. 우리는 발굴물에 관한 설명에 돌멩이를 포함해야 했다. 물론 아직 답을 찾지 못한 질문이 많았다. 이 돌멩이는 우연히 거기 놓였던 것일까 아니면 고인류학자들이 '부장품'이라 부르는 선물이었을까? 그도 아니면 유골을 묻은 구덩이를 파는 데 쓰였던 것일까? 어쨌든 유골의 손 근처에 놓였던 것으로 보였다. 고인류학 분야에 종사하는 사람들은 도구를 만든 사람의 손에서는 도구를 발견하지 못한다는 농담을 자주 한다. 이제 그 '사람'이 날레디였다.

내 확신과는 별개로 나는 날레디 매장지와 관련한 연구 결과를 발표하자마자 의심이 쏟아질 것도 각오했다. 날레디는 호모속인데도 뇌 크기가 우리의

3분의 1에 그쳐 사람과는 거리가 멀었다. 학자들은 네안데르탈인처럼 뇌가 큰 호미닌이 복잡한 행동을 할 수 있다는 견해는 받아들일 수 있어도, 날레디가 그런 행동을 했다는 주장은 받아들이기 힘들었다. 그래서 많은 고인류학자가 이 증거의 존재를 완전히 무시했다.

어느 격언을 빌리자면 "증거의 부재는 부재의 증거가 아니다." 날레디의 경우, 복잡한 행동을 증명할 증거가 충분하지 않다는 것이 고대 호미닌에게 복잡한 행동을 할 능력이 없었다는 증거가 되는 것은 아니다. 많은 고고학자가 초기 호미닌에서 복잡한 행동(의도적 매장, 도구 제작, 불 사용, 기호와 예술 창작)이 나타났을 가능성이 없다고 추정하지만, 나는 불가능한 일이라고 생각하지 않는다. 당시를 살아간 이 모든 종과 우리는 오늘날 우리와 가장 가까운 친척인 침팬지나 보노보보다 훨씬 더 가까운 친척 관계였다. 현생 영장류를 수십 년 동안 연구한 결과에 따르면, 이들은 놀라울 정도로 정교하다. 날레디의 골격 특성으로 보건대, 날레디는 평소 두 발로 걷고, 뇌는 비록 크기는 작아도 모양은 인간과 비슷했을 것이다. 작은 이빨도 우리 이처럼 기능했을 테니 식생활도 비슷했을 것이다. 날레디가 침팬지보다 사람에 더 가까웠다는 데는 의문이 없다. 그러므로 우리는 날레디의 행동이 복잡했으리라고 판단해야 합리적이라고 생각했다. 하지만 중요한 것은 증거가 무엇을 증명하느냐다.

라이징 스타에서 발견하는 모든 것이 날레디 시신이 매장되었다고 암시했지만 증거를 모아야 했다. 그래야 다른 학자들이 우리 결론을 검증하고, 도구일 가능성이 큰 발견물을 더 자세히 들여다보고, 우리가 제시한 대담한 이론에 귀 기울일 새로운 협력자에게 우리 발견을 모두 공유할 수 있을 터였다. 우리가 기회를 잘 활용한다면, 연구를 다음 단계로 끌어올려 이 놀라운 종의 전체 그림을 완성할 수 있었다.

※

2022년 우리는 자료를 논리적 순서에 따라 정리해 다양한 방향의 증거에 근거한 주장을 수립했다. 먼저 매장지로 보이는 여러 발굴 구역의 모든 정보를 체계적으로 정리했다. 힐 곁굴에서는 완전한 골격과 그 골격이 자리하던 우묵한 곳의 3D 영상을 얻었고, 내가 케네일루와 이야기한 뒤 발굴을 멈췄던 디날레디 굴의 깊숙한 곳에서는 적어도 청소년과 어른인 두 개체에서 나왔을 것으로 보이는 50개가 넘는 뼛조각의 표면 영상을 얻었다.

    힐 곁굴 유골은 관절로 연결된 단일 골격이 주를 이루지만, 골격이 있던 공간에 다른 개체에서 나온 뼈들도 있었다. 이유가 무엇일까? 아마도 여러 개체가, 자그마치 어린아이 넷과 태아 하나가 함께 묻혔을 것으로 보인다. 우리는 유골이 나온 구덩이가 이 개체들을 모두 함께 묻은 곳이라기보다, 이미 날레디 유해들이 묻혀 있던 퇴적물을 파내고 묻은 곳일 가능성이 높다고 보았다. 인류 역사에서도 매장지를 파서 추가로 매장한 사례들이 있었다. 때로 새 매장지를 오래된 무덤 근처에 만들어, 망자의 뼈가 오래전 묻힌 친족의 뼈와 섞이기도 한다. 아마도 힐 곁굴의 유골 덩어리는 힐 곁굴이 반복 사용된 양상을 담았을 것이다.

    이 설명은 디날레디의 퍼즐 상자를 둘러싼 수수께끼도 명쾌하게 밝혀

줄 것이었다. 퍼즐 상자에는 관절로 연결된 신체 부위들이 들어 있었다. 한 어린아이의 다리 한 쪽은 근처 다른 뼈들과 일치했지만, 성인 두개골 세 개와 손과 발, 유아의 척추에서 나온 뼛조각들이 섞여 있었다. 아마 이 뼈들은 마구잡이로 모아놓은 것이 아니라, 처음에는 흙으로 지탱되던 시신들이 부드러운 조직이 썩으면서 골격이 무너지고 서로 뒤엉키며 먼저 묻혀 있던 유골들까지 무너뜨려 나타난 결과물일 것이다.

우리가 일부만 발굴한, 무덤일 가능성이 높은 디날레디 유구에도 여러 개체에서 나온 유골들이 뒤섞여 있었다. 두 구 이상의 시신에서 나온 부분 유골이 뒤죽박죽 섞이면 대체로 특정 뼈들이 중복되는데, 이 유골들은 대부분 중복되지 않았다. 표면 근처의 퇴적물에는 다른 뼈들과 중복되는 미성숙한 뼛조각 몇 개가 있었지만, 이는 우리가 디날레디 곳곳에서 발견한 양상과 같았다. 즉 날레디가 같은 매장지를 계속 활용해 여러 개체를 묻었을 가능성이 있었다.

2022년 3월, 단원들을 이끌고 다시 디날레디로 들어간 케네일루가 내가 발굴을 멈추라고 요청하기 전 발견했던 모든 뼛조각을 목록으로 작성했다. 그가 작성한 목록이 또 다른 중요한 단서를 제공했다. 케네일루는 굴 뒤쪽, 무덤으로 추정되는 곳에서 짓눌려 부서진 머리덮개뼈(머리뼈의 정수리) 하나, 관절로 연결된 척추뼈 두 개, 팔뼈 조각들을 발견했다. 유구 반대쪽 끝에서는 다리뼈들과 하체에 속하는 여러 뼈를 기록했다. 이런 배열로 보아 시신이 부패하는 동안 퇴적물이 시신을 떠받쳤음을 알 수 있다. 유골이 아래쪽으로 내려앉았는데도 새로 매장된 시신에서 볼 법한 해부학적 위치에 있는 뼈가 여전히 꽤 있었다. 달리 말해, 뼈들의 위치로 보아 날레디는 시신이

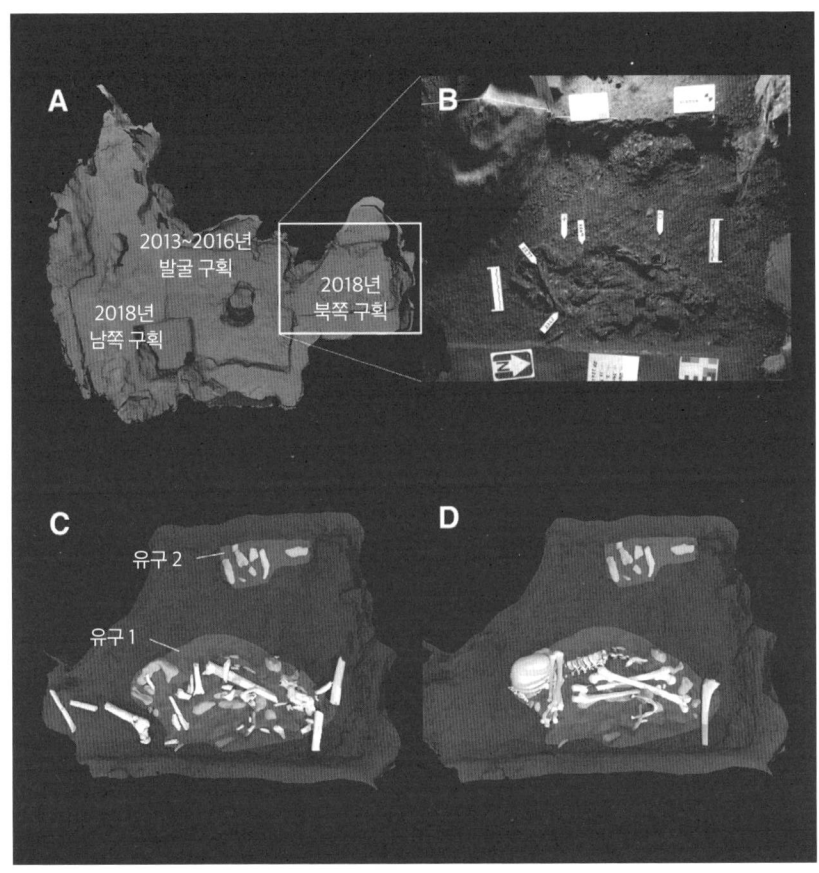

▶ 4단계에 걸쳐 진행한 디날레디 발굴지 연구 결과다. A: 2016년까지 작업 상황과 향후 발굴을 위해 설정한 관심 지역을 표시해두었다. B: 2018년 추가 발굴에서 타원형으로 움푹 들어간 곳을 발견했다. C: 움푹 들어간 곳에서 발견한 화석을 보여주는 고화질 영상이다. D: 앉은 자세나 태아 자세로 있는 개체(유구 1)의 고화질 영상으로, 유구 2에서 보이는 화석은 근처 무덤에 묻힌 또 다른 개체일 수 있다.

썩기 전 이곳에 묻혔다.

    매장된 시신을 상상할 때 대다수는 영화 〈인디아나 존스〉나 〈미이라〉에서처럼 모든 부위가 반듯하게 제자리에 있는 유골을 떠올린다. 하지만 고대의 매장은 대부분 그런 방식이 아니었다. 고대인이 시신을 묻을 때는 오늘날처럼 관을 넣을 수 있는 전형적인 깊이인 '6척(약 180센티미터)'보다 훨씬 작은 구덩이를 팠다. 실제 구덩이의 크기와 깊이는 구부리거나 웅크리고 앉은 자세의 시신을 넣고 흙을 덮을 정도밖에 되지 않았을 것이다. 이 자세로 시신이 부패하는 사이 유골의 배열이 크게 바뀐다. 부드러운 조직이 분해되고, 뼈들이 관절에서 분리되었다가 중력에 끌려 제자리를 벗어난다. 시신을 덮었던 흙이 장기와 근육이 있던 공간으로 쏟아진다. 때로는 표면이나 흙 속에 있던 물체가 같이 쓸려 내려간다. 수천 년에 걸쳐 계속 토양에 짓눌리는 동안 뼈도 분해되어 조각난다. 이를 고려하면 우리가 디날레디에서 발견한 것은 교과서에 사례로 나올 법한 고대 매장지였다.

퇴적물 자체가 우리 이론을 뒷받침했다. 유구의 지질을 연구해보니 무덤으로 추정한 구획 근처의 모든 표면 아래에서는 얇은 점토층이 발견되었지만, 무덤 위나 안쪽에서는 점토층이 나오지 않았다. 그 대신 케네일루가 무덤 **안쪽**에서 동일한 점토와 뼈가 섞여 작게 뭉쳐진 덩어리를 발견했다. 점토층을 더 깊은 곳의 퇴적물과 섞으려면 누군가가 점토층을 파헤쳐야 했을 것이다. 가장 넓은 의미에서 보자면 무언가가 지면을 건드렸다는 증거였다. 이곳이 묘실이었다는 강력한 논거를 찾은 것 같았다. 하지만 도구 모양의 돌멩이도 해결해야 했다.

2022년 초 나는 돌멩이를 품은 석고 재킷을 그르노블 유럽싱크로트론방사시설의 과학자 친구들에게 안전하게 전달할 여행을 준비했다. 유럽싱크로트론방사시설의 초강력 엑스선 장치인 싱크로트론이 초고속 아원자입자의 방사선을 이용해 수행할 수 있는 여러 기능 중 하나가 딱딱한 물체 내부를 들여다보는 것이다. 싱크로트론은 장엄한 과학의 결정체지만 내 소중한 발견물을 에워쌀 그 모든 에너지와 카오스는 생각하고 싶지 않을 때도 있다.

그런데 첫 싱크로트론 촬영이 우리에게 과제를 안겼다. 내 생각에는 고해상도 정밀 촬영이 유골을 가장 잘 보여줄 것 같았고 실제로도 그랬다. 그런데 촬영 결과를 보니 유골이 석고 재킷 안에서 움직인 채 눌려 있었다. 따라서 새로 촬영한 영상을 존이 내게 보여주었던 의료용 CT 촬영본과 비교하기가 몹시 어려워졌다. 둘을 비교하려면 발굴한 덩어리 전체를 다시 의료용 CT로 촬영해야 할 판이었다. 그래도 초기 싱크로트론 단층 영상 덕분에 퇴적물 덩어리 안에 아주 어린 유아의 뼈가 들어 있다고 추측한 존의 말이 맞다는 것을 확인했다. 도구 모양인 돌멩이도 고해상도로 재현할 수 있었다.

표면으로 판단하건대 이 돌멩이는 백운암이나 처트 조각, 즉 라이징 스타에서 여러 해 동안 작업한 우리에게 아주 익숙한 물질이었다. 달리 말해 라이징 스타 동굴계에 나온 것이지, 다른 곳에서 이 동굴로 가져온 것일 가능성은 완전히 반박할 수는 없어도 크지 않았다.

실제로 돌멩이의 한쪽 가장자리가 다른 쪽보다 날카로워 마치 칼날 같았지만, 고르지 못한 것으로 보아 마모된 듯했다. 싱크로트론 촬영으로 우리

▶ 힐 곁굴에서 발굴한 어린이 유골의 손 근처에서 발견한 돌멩이(위)다. 이는 남아프리카공화국 남해안 블롬보스 동굴에서 발견된 7만 8,000년 전 석기(아래)와 비슷해 보인다.

가 전에 주목했던 움푹 파인 홈, 즉 깎인면이 정말로 있다는 것은 확인했지만, 이 돌을 누군가가 일부러 도구 모양으로 다듬었다고 증명할 만한 다른 확실한 특성은 없었다. 고대 아프리카 기술에 정통한 동료 전문가들에게 물었더니, 이들도 이 돌멩이가 유용했을 테고 도구에 들어맞는 특성을 보인다는 데는 동의했지만 그 모양과 구조가 곧 의도적으로 가공된 도구라는 명확한 증거를 나타내지는 않는다고 보았다.

간단히 말해 우리가 말할 수 있는 사실은 이것이 도구 모양인 돌멩이고, 도구로 쓰였을 **가능성**이 있고, 날레디 유골의 손 근처, 즉 무덤에서 발견되었다는 것뿐이었다.

우리는 호모 날레디의 매장이 인류 진화라는 맥락에서 무엇을 뜻하는지 더욱 폭넓게 이해하도록 도와줄 공동 연구자들이 필요했다. 날레디를 정해진 범주에 억지로 꿰맞추려 하지 않는 연구자들과 이야기를 나누어야 했다. 우리가 원한 연구자는 날레디를 날레디 입장에서 접근할 의향이 확실한 사람이었다.

나는 프린스턴대학교 인류학자인 아거스틴 푸엔테스Agustín Fuentes에게 연락했다. 경력 대부분에 걸쳐 야생 영장류, 특히 인간의 마음이 이런 먼 조상 종에게서부터 어떻게 진화했는지 연구한 그는 인간과 멸종한 친척에게서 일어난 사회적 진화를 연구하는 팀을 이끌었다. 우리는 아거스틴에게 공동 연구를 제안했고, 영국 요크대학교에서 고대 호미닌의 부상이나 장애를 집중적으로 연구하는 고고학자 페니 스파이킨스Penny Spikins 그리고 고대 호미닌의 매장을 전문 분야로 하는 전 세계 연구자들에게도 같은 제안을 보냈다.

2022년 6월, 우리는 프린스턴에서 회의를 열었다. 아거스틴과 존 그리고 내가 논문 두 편을 소개했다. 하나는 무덤의 기술적 측면을, 하나는 우리 발견에 담긴 광범위한 의미를 다룬 것이었다. 모든 참석자가 지적인 지지를 보냈지만, 우리가 듣고 싶은 것은 우리 주장의 약점이었다. 동료 평가를 위한 논문을 발표하기에 앞서 피드백을 들어야 할 때였다. 나는 날레디 시신이 사망 이후에 구덩이에 안치되고 흙에 덮였다는 것을 보여주는 여러 증거를 빠르게 읊었다. 아거스틴의 연구팀이 날레디의 행동을 어떻게 묘사하면 좋을지 구체적으로 언급했다. 이들은 자신들이 연구에서 얻은 유용한 맥락을 활용해, 우리가 라이징 스타에서 발견한 것을 다른 시대와 장소에서 호미닌이 보인 행동이라는 더 큰 그림과 연결했다.

우리가 날레디의 매장을 다룬 기술 논문을 발표하는 동안, 나는 페니에게서 눈을 떼지 않았다. 페니야말로 우리 연구를 아주 냉정하게 비평해줄 사람으로 보였다. 네안데르탈인 매장지를 여럿 조사했고, 죽음을 앞둔 병약자들이 어떤 보살핌을 받았는지까지 연구한 이력이 있었기 때문이다.

발표가 모두 끝나자 내가 의견과 비평을 요청했다. 한참 동안 쥐 죽은 듯 조용한 침묵이 흘렀다. 그때 페니가 손을 들었다. 우리 자료에서 엄청난 오류를 발견했다고 말할 것 같다는 생각이 들었다. 나는 조금 주저하며 발언권을 주었다. 놀랍게도 페니는 정반대의 말을 했다.

"자료가 훌륭하고 설득력 있다고 생각해요."

마음이 놓이는 말이었다. 그런데 곧 그가 찡그린 표정으로 한마디를 덧붙였다.

"사람들이 매장에 놀랄 것 같지는 않은데, 왜 동굴 벽에 암각화가 없는지는 이상하게 여길 것 같네요."

나는 웃음을 터트렸다. 회의실에 있던 모든 사람이 웃었다. 매장은 됐고 예술이 문제라고? 날레디가 의미를 담은 표지를 일부러 남긴다고? 오랫동안 인간의 특징으로 여긴 행위를? 터무니없는 소리였다.

※

발표는 잘 진행되었지만 자료에서 신경 쓰이는 모순점 몇 개가 나왔다. 지질학자들은 뼈를 움직이는 데 물이 관여했다는 가설을 냈지만, 퇴적물에는 어딘가에 있던 뼈를 굴로 옮길 만큼 물이 강하게 흐른 흔적이 보이지 않았다. 다른 학자들은 바닥에 배수구 같은 구덩이가 있어 뼈를 아래쪽으로 빨아들였다는 가설을 제안했지만, 발굴 과정에서 그런 지형은 발견되지 않았다. 어떤 학자들은 우리가 보여준 매장 자료에도 아랑곳없이 시신이 힐 곁굴로 떨어졌다가 오랜 세월에 걸쳐 퇴적물의 흐름을 따라 디날레디로 옮겨졌다는 견해를 굽히지 않았다. 하지만 내가 디날레디의 지도를 다시 조사해 힐 곁굴과 더 깊은 디날레디 굴을 연결하는 두 통로를 살펴보니, 두 통로가 여전히 병목을 만들어 퇴적물의 흐름을 가로막고 있는 것 같았다.

우리가 그 통로들을 잘못 판단한 적이 있던 터라 나는 내 생각이 맞다고 확신해도 될지 고민스러웠다.

새 이론은 자료의 한계를 드러냈다. 우리의 최종 목표는 날레디가 누구였고 어떤 존재였는지를 마음을 사로잡는 정확하고 깊은 이야기로 전달하는 것이었지만, 몇몇 핵심 영역에서는 여전히 추측만 하고 있었다. 그리고 이런 추측을 대거 날려버릴 확실한 방법이 하나 있었다. 다시금 지도를 자세히 들여다보는데 모험에 나서라는 마음속 부름이, 익숙한 불꽃이 가슴속에서 되살아났다. 우리 탐사단 전체가 몇 주 뒤 다시 라이징 스타로, 디날레디 굴로 들어갈 준비를 하고 있었다.

내가 그때까지 아무에게도 말하지 않은 사실은 이번에는 어떤 위험을 무릅쓰고서라도 그들과 같이 어둠 속으로 내려가고 말겠다는 계획이었다.

제 3 부

어둠 속으로

제 1 1 장

훈련

내가 디날레디 굴에 들어갈 여정을 실제로 준비하기 시작한 때는 싱크로트론으로 석고 재킷을 촬영하려고 그르노블로 갈 즈음인 2월이었다. 여러 중대한 물음에 관한 답을 찾고자 우리는 과격하게 들려 논란을 부를 만한 주장을 길잡이로 삼았다. 사람도 아닌, 심지어 침팬지보다 뇌가 살짝 큰 종이 망자의 시신을 묻었다. 이 주장이 맞다면 인류의 기원에 관한 이야기를 바꿔, 결국은 고고학계가 존재하는 한 조사와 검토를 이어가야 할 터였다. 우리는 이용할 수 있는 모든 자료를 이해하기 쉽고 깔끔하게 세상에 제공하도록 모든 노력을 기울여야 했다. 디날레디로 내려가는 위험을 가볍게 보지는 않았지만 내가 모든 증거를 봐야 했다. 그러니 직접 들어가는 수밖에 없었다.

위험하기 짝이 없는 그런 계획을 어떻게 헤쳐나갈지 생각하기에 앞서 나는 슈트에 들어갈 수나 있을지부터 걱정해야 했다. 솔직히 말해 디날레디로 들어갈 가망이 조금이라도 생기려면 살을 빼야 했다.

가장 다재다능하고 적응력이 뛰어난 동굴 탐험가는 자동차 판매장에서 종종 보는 행사용 풍선 인형처럼 마르고, 유연하고, 그에 걸맞는 환한 미소를 짓는다. 그에 비하면 나는 타이어 회사 미쉐린의 마스코트에 더 가까워 보였다. 슈퍼맨스 크롤과 버거석처럼 꽉 끼는 공간은 내게 골칫거리였다. 설상가상으로 나는 다른 동굴 탐험가와 과학자 대다수보다 키가 커서 작고 아담한 몸집일수록 유리한 포복에도 적합하지 않았다. 실제로 우리 탐사단에서 슈트를 통과하려고 시도한 사람 중에 내가 제일 컸다. 하지만 충분히 살을 빼고 체력을 기른다면 슈트를 지날 수도 있을 것 같았다. 이제 쉰일곱 번째 생일이 다가오고 있었다. 도전해볼 수 있는 시간이 얼마 남지 않았다. 그러니 지금이 기회였다.

하지만 디날레디에 들어갈 수 있는 몸집으로 살을 빼기란 어려운 일일뿐더러, 내가 그곳에 들어갈 수 있는지는 슈트에서 고비인 중간 지점, 가장 좁은 스퀴즈까지 가봐야만 알 수 있었다. 탐사가 시작되는 7월까지 이런 변화를 달성하려면 엄청난 훈련이 필요했다. 당분간은 디날레디에 들어가겠다는 계획을 비밀에 부쳤다. 연구가 이어지는 동안 나는 누구에게도, 그러니까 탐사단, 가장 가까운 공동 연구자, 심지어 가족에게조차 계획을 알리지 않았다.

연구자로서 내가 아는 한 건강은 과학적으로만 접근해야 한다. 그래서 기본 규칙 하나로 정리되는 식단과 운동 계획을 짰다. 섭취하는 열량보다 더 많은 열량을 태워라. 그러려면 식습관을 완전히 바꿔야 했다. 나는 하루 식사를 세 끼에서 네 끼로 늘렸다.

아침은 샐러드로 시작해(아내가 대단히 재미있어했다) 느지막이 달걀 하나를 간식으로 먹었다. 점심에는 포만감을 느끼도록 단백질을 더 늘려 주로 정어리 통조림 한 캔이나 달걀 하나를 먹은 다음, 오후 네 시 반쯤 이른 저녁을 먹었다. 평소보다 더 일찍 저녁을 먹은 까닭은 수면으로 신진대사가 느려지기 전에 하루 동안 섭취한 연료를 태워 없앨 시간을 더 벌기 위해서였다. 그리고 열량 섭취를 낮게 유지하도록 식사량과 탄수화물을 줄였다. 위는 물을 많이 마셔 채웠다. 아마 하루에 8~10리터 정도를 마셨던 것 같다.

식이요법은 체중 감량은 물론이고 식단을 바꾸는 동안 운동량을 늘리는 데도 도움이 되었다. 나는 컴퓨터 앞에 앉아 일을 많이 하기 때문에 일상에서 활동량을 늘리고자 옥상 사무실에 무게 조절이 되는 덤벨 한 세트, 샌드백 하나, 탄력 밴드 한 세트를 장만해두었다. 그리고 저녁마다 약 15분 단위로 일을 멈추고 책상에서 일어나 몸을 움직였다. 나는 그저 짧게 그리고 자주 운동했다.

내가 건강 관리에 집중하는 동안 식구들이 잔소리와 격려를 쏟아냈지만 나는 여전히 식구들에게, 아니 아무에게도 디날레디를 직접 보겠다는 계획을 밝히지 않았다. 감추기에는 꽤 큰 비밀이었지만, 몸무게를 줄이는 진짜 동기를 숨겨야 할 몇 가지 이유가 있었다. 첫째, 아내는 의사다. 우리 두 아이 메건과 매슈를 포함한 많은 사람이 슈트를 탐색하는 모습을 보았다. 아슬아슬한 위기에서 가까스로 벗어난 이야기를 여러 번 들었고, 내가 동굴 내 안전 수칙을 정할 때 옆에서 도와주기까지 했다. 나는 쉰여섯 살인 남편이 디날레디에 들어갈 생각이라는 사실을 알았을 때 아내가 무슨 말을 할지 잘 알았다. 무조건적인 지지보다는 여러 생각과 감정이 뒤섞인 반응을 보일 게 분명했다.

아이들도 마찬가지로 위험을 잘 알았다. 매슈와 메건 모두 마르고 건강한 십 대 시절에 슈트에 들어갔는데 그때 그 과정이 얼마나 힘들었는지 내게 이야기해주었다. 나는 슈트 등반이 인생에서 시도해본 도전 중 가장 육체적 부담이 크고, 정신적으로도 일평생 손에 꼽게 힘든 순간일 것을 알았다. 그래서 누가 나를 말리거나 내 마음에 의심을 불러일으키는 것을 바라지 않았다. 이미 나 스스로 '내가 정말 슈트를 내려갈 수 있을까'라는 깊은 의문을 마음속에 품고 있었다. 그런 의구심에 한 줌의 불씨도 보태고 싶지 않았다.

6월 말까지 20킬로그램을 뺐다. 수십 년 만에 가장 건강한 기분이었다. 허리 사이즈가 38(덧붙이자면, 꽉 끼는 38이다)에서 32로 15센티미터가량 줄었고, 상체 근력이 해군 ROTC 시절에 맞먹게 세졌다. 내가 도전에 성공할 만큼 마르고 건강하다고 생각한 수준에 가까워지고 있었다.

#

7월 탐사에서 첫 기착지는 디날레디로 가는 길에 지나는 공간인 드래건스백 굴이었다. 우리는 그해 3월부터 드래건스백 굴에 관심을 쏟았다. 케네일루가 디날레디 굴에서 나온 뼈들의 목록을 작성하는 사이, 존과 내가 과감히 드래건스백 굴을 탐사했다.

드래건스백 굴의 천장은 굴 바닥에서 15미터 높이로 치솟아 있고, 중앙 가까이 있는 기둥이 천장 일부를 떠받친다. 굴에 들어서자마자 바로 왼쪽에 펼쳐지는 각력암(콘크리트처럼 생긴 암석으로 이따금 화석이 들어 있다)이 굴 벽까지 뻗어나가 낮게 돌출된 천장을 이룬다. 드래건스백 근처에서 각력암이 아래쪽으로 경사를 이루며 바위 턱을 형성하는데, 중간에 단절이 있어 지형이 끊긴다. 바위 턱 아래로 약 1미터의 공간이 있는데, 그 안에 들어가 위쪽을 올려다보면 각력암 속 화석층이 보인다. 날카로운 이빨이 튀어나온 턱뼈 하나를 포함해 화석 조각 다수가 육식동물로 보이지만, 날레디의 정강뼈처럼 보이는 길고 가느다란 뼈도 하나 박혀 있다. 이 화석들이 여러 해 동안 나를 유혹했지만 지금도 빼낼 방법이 없다. 한 번은 내가 진동으로 화석을 손상 없이 분쇄하는 공기 파쇄기air scribe를 이용해 화석을 빼내려 시도했는데, 바위 턱 아래에 눕자 머리 위 암석 덩어리가 언제든 떨어져 나를 덮칠지도 모르겠다는 오싹한 두려움이 밀려왔다. 하는 수 없이 그 계획은 취소했다. 탐사단에서 약한 폭발물이나 팽창 물질로 암석 덩어리를 떨어뜨릴 수는 없을지도 고민했지만, 나는 그 방법이 내키지 않았다. 이 공간들은 복잡한 구조다. 암석 덩어리 하나만 불안정해져도 더 넓은 구역에 위험한 파급 효과를 일으킬 게 분명하다. 디날레디 동굴군*으로 드나드는 유일한 길목인 드래건스백 굴을 차단할 위험은 받아들일 수 없었다. 그래서 우리는 화석들을 그

• 힐 곁굴과 디날레디 굴을 지칭한다.

대로 두었다.

　그렇지만 각력암 속 뼈들이 드래건스백 굴의 사연을 들려주었다. 이 암석들에는 라이징 스타 바깥에서 들어온 물질이 가득해 점토가 풍부한 디날레디와 힐 곁굴의 퇴적물과는 구성이 완전히 달랐다. 달리 말해, 드래건스백 굴의 퇴적물은 날레디가 디날레디 굴에 시신을 남긴 이후로 디날레디로 흘러간 적이 없고, 동물도 디날레디에 들어가기가 어려워졌다. 이는 우리가 주장하는 매장굴 가설에 중요한 단서였다. 드래건스백과 디날레디가 영원히 분리되었고, 이 사이에는 뼈나 날레디, 다른 무엇도 이동하기 쉬운 입구가 없었다는 것을 확실히 보여주었기 때문이다.

　이는 날레디에게도 디날레디로 들어가기가 힘든 일이었다는 뜻이기도 했다. 드래건스백 위와 아래에 형성된 암석의 연대를 가장 최근에 분석했더니, 드래건스백 자체는 29만 5,000년~22만 5,000년 전 사이 생겨났을 확률이 높아 디날레디와 힐 곁굴의 호모 날레디 화석에서 추정한 연대와 기간이 겹친다. 우리는 날레디가 드래건스백을 타고 올라갔는지, 날카로운 비탈길을 형성한 이 암석 덩어리가 매장이 일어난 뒤에 무너진 건지, 아니면 무덤이 만들어지던 중 어느 시점에 무너진 건지 확신할 수 없었다. 하지만 사건들이 정확히 어떤 순서로 발생했는지와 상관없이, 즉 드래건스백이 무너져 비탈길이 되기 전이든 후든 날레디가 디날레디에 가려면 여전히 뒷벽을 꽤 많이 타고 올라갔다가 내려가야 했다. 그렇게 동떨어진 굴로 들어가기란 늘 만만치가 않았다.

　먼 옛날 날레디가 디날레디로 들어갔던 경로를 파악하는 것은 중요했다. 굴로 더 깊이 들어가는 동안 날레디의 유골뿐만 아니라 날레디가 남긴 삶의 흔적도 찾고 싶었기 때문이다. 우리와 마찬가지로 날레디도 디날레디로 가는 고된 등반에 앞서 드래건스백 굴을 마지막 쉼터로 이용했다. 날레디는 아마 이 굴을 대기 지역, 즉 여정의 또 다른 구간을 시작하기에 앞서 먹고 자는 곳으로 이용했을 것이다. 존, 케네일루 그리고 다른 단원들과 함께 드래건스백을 둘러보며, 나는 강인하고 마른 날레디 개체들이 드래건스백 등성이를 오르는 모습을 상상해보았다. 그들은 등성이를 오를 때 어디에 의지할 필요 없이 구부러진 손가락과 발가락을 이용해 날렵하게 위로 올라갔을 것이다. 날레디가 길을 밝히려고 피웠을 일렁이는 불빛, 아니면 벽의 작은 틈이나 구멍에 넣어놓았을 작은 불꽃이나 횃불도 떠올려 보았다. 불빛에 비친 날레디의 그림자가 축축한 동굴 벽에서 으스스하게 흔들렸을 것이다.

내가 한참 상상을 펼치는 가운데 케네일루와 다른 단원들이 슈트 입구 쪽으로 올라갔다. 그때 존이 내게 다가오더니 말을 건넸다.

"왜 여기는 파보지 않는 거죠?"

나는 멈칫했다. 존이 제대로 짚었다. 드래건스백 굴은 발굴하기에 완벽한 곳이었다. 아슬아슬한 각력암 바위 턱에 지나치게 집중한 나머지, 우리는 굴 바닥을 발굴할 생각을 하지 못했다. 그런데 그곳에 날레디의 존재를 확인할 인공 유물이나 다른 증거가 묻혀 있을 가능성이 커 보였다. 왜 우리는 굴 바닥을 파보지 **않았던 걸까?**

굴 바닥을 간과한 것은 내 잘못이었다. 탐사 단장으로서 나는 발굴 과정에 침착히 대응하기보다 조급하게 반응했다. 날레디가 이 공간들을 가로지르는 동안 어떤 영역을 사용했을지 냉정하게 생각하기보다 여기에서 뼈가 나왔다, 저기에서 새로운 이론이 등장했다 같은 사건이 일어나는 대로 반응했다. 내가 초기에 내린 많은 결정은 스티브와 릭이 처음 디날레디 굴에서 발견한 것들에 좌우되었다. 두 사람은 디날레디 굴 바닥에서 뼈 수십 개를 보았고, 레세디 굴에서도 마찬가지였다. 그래서 우리는 간단히 디날레디라는 난제와 여기에서 생겨난 의문에만 크게 집중했다.

존의 궁금증을 들은 나는 부츠 앞발치로 바닥을 긁어보았다. 디날레디와 힐의 매장지는 표면에서 5~10센티미터 아래 있었다. 이처럼 드래건스백 굴에도 우리 발 아래, 동일한 두께의 흙먼지 밑에 무덤이 숨어 있다면 어떨까?

화석이나 인공 유물을 품고 있을지도 모를 암석을 바라보고 있노라면 표면 아래에 무엇이 있는지 확인할 수 있으리라는 엉뚱한 생각에 빠질 때가 있다. 표면은 안에 든 것이 무엇인지 알려주는 상표가 적힌 포장지 같아서 그 아래를 파고 싶은 열망을 다른 무엇보다 크게 일으키곤 한다. 하지만 인간의 눈으로는 암석과 토양을 꿰뚫어 볼 수 없다. 그래서 엑스선으로 안쪽을 들여다본다. 하지만 누구의 손길도 닿지 않은 암석은 고인류학자에게 뿌리치기 어려운 유혹이고, 환상적인 발견 하나면 평생에 걸쳐 탐사에 몰두할 동력이 되기도 한다. 한번은 아내 재키가 미식축구공보다 크지 않은 암석 하나를 CT로 촬영했는데, 그 안에서 거의 온전하게 보존된 채 숨어 있던 세디바 머리뼈를 발견했다! 표면만 바라보았다면 절대 몰랐을 발견이다. 이처럼 1밀리미터의 흙이나 돌멩이도 그 아래에 놀라운 무언가를 숨기고 있을 수 있다.

이후로 며칠 동안 단원 모두의 견해가 드래건스백 굴 발굴이 날레디가 라이징 스타를 어떻게 이용했는지 이해하는 데 중요한 단서가 된다는 쪽으로 모였다. 우리는 발굴 계획을 세웠다. 케네일루가 드래건스백 발굴단을 이끌고 굴 북쪽에서 약 2×2미터인 작은 구획을 파보기로 했다. 작업은 디날레디 발굴과 비슷하겠지만 드나들기는 훨씬 쉬울 것이다. 우리는 3주 동안 발굴을 진행하기로 했다.

우리가 찾고 있던 것은 뼈만이 아니었다. 해부학과 지질학이 우리가 찾아내는 것을 이해하는 데 필요한 도구였지만, 드래건스백 굴에서는 작업에 행동학의 렌즈를 더 적용하고 싶었다. 우리가 라이징 스타의 다른 영역에서 날레디에 관해 세우는 이론에 행동학이 필요했기 때문이다. 내가 아거스틴 푸엔테스에게 우리 탐사에 합류하기를 요청한 까닭도 날레디를 이런 신선한 방식으로 생각하게끔 우리를 유도해주길 바랐기 때문이다. 전문 지식도 전문 지식이지만, 마르고 강인한 체형에 텁수룩한 검은 머리를 길게 기른 아거스틴은 외모도 주로 탐사가 역할을 맡는 배우군에서 바로 튀어나온 모습 그 자체였다. 내 생각에는 영장류의 마음 primate mind 에 관한 그의 지식이 우리 연구의 돌파구를 마련하는 데도 도움이 될 것 같았다.

2022년 7월 탐사에는 다큐멘터리 촬영팀도 초청했다. 전에 제작사 한 곳이 날레디 이야기를 다큐멘터리로 만들고 싶다며 연락해온 적이 있는데, 이번 탐사가 우리 현장 작업을 실감 나게 담을 완벽한 기회라고 생각했다. 혹시 모르지 않겠는가? 우리가 무언가를 발견했을 때 촬영팀이 함께 있을지도.

제 12 장

슈트에 접근하기

탐사 계획을 수립하기란 간단하지 않다. 숙소를 마련해야 하고, 연구 목표를 조율해야 하고, 중요한 통신선을 설치하고 관리해야 한다. 우리는 드래건스백 발굴과 슈트로 내려가 디날레디를 탐사하는 여정을 계획하는 데 여러 달을 쏟았다. 계획 기간이 길어진 덕분에, 나는 살을 더 빼고 동굴 탐험을 준비할 시간을 벌었다. 7월 말 어느 날, 탐사단 전체가 일과를 시작할 준비를 마치고 현장에 모였다. 드래건스백 발굴에 나서고자 나도 점프슈트를 입고 탐사단과 함께 지하로 갔다. 시스템을 점검하고 새로운 단원과 친해지고 동굴에 익숙해지느라 하루가 다 갔다. 모두 들뜬 상태였지만 우리 중 노련한 연구자들은 새로운 무언가가 나타나기까지 시간이 좀 걸릴지도 모른다는 것을 알았다.

둘째 날에 아거스틴과 존 그리고 내가 장비를 갖추고 드래건스백 굴로 들어갔다. 다른 단원들이 굴 바닥에서 작업하는 동안 우리는 안전대를 걸치고 암석 투성이인 드래건스백에 오를 준비를 했다. 이 일정은 존과 아거스틴을 드래건스백 위로 안내해 다른 시야에서 발굴을 바라보게 도우려는 목적도 있었지만, 나만의 비밀스러운 목적도 있었다. 슈트 꼭대기에서 내 몸이 슈트에 들어가는지 확인해보고 싶었다.

우리 셋은 드래건스백 꼭대기에서 한 시간 동안 그곳 지형을 논의하고 아래쪽에 있는 다양하게 갈라진 바위틈을 살펴보았다. 아거스틴이 슈트 입구를 형성하는 좁은 틈을 한참 동안 내려다보며, 날레디가 아래쪽 굴들에 접근하기가 얼마나 어려웠을지 가늠했다.

논의가 끝나자 나는 두 사람을 먼저 내려보냈다. 그리고 마지막으로 내 차례가 되었을 때 나는 방향을 바꿔 드래건스백이 아닌 좁은 통로로 미끄러져 들어갔다. 공간이 좁아 등을 바닥에 대고 움직여야 했다. 쩍 벌어진 틈 위로 조심스럽게 이동했더니 부츠가 입구에 닿았다. 좁은 틈새가 가슴에 닿을 때까지 몸을 아래로 미끄러뜨렸다. 몸이 꽉 끼었다. 가슴팍과 등 양쪽이 모두 암석에 눌렸다. 몸을 기울여 아래쪽의 갈라진 틈을 내려다보는 동시에 두 발로 암벽에 있는 자그마한 돌출부를 찾았다. 헤드램프가 4미터쯤 아래 있는 모퉁이와 비좁은 스퀴즈를 비췄다. 그 아래, 보이지 않는 어딘가에 폭 19센티미터의 두려운 스퀴즈가 기다리고 있었다. 춤 동작을 외우듯 이 통로를 지날 때 취해야 할 동작을 머릿속으로 그려보았다.

나는 라이징 스타 탐사 첫날부터 이 통로의 위험성을 세상에 알렸다. 누군가가 굴에서 심하게 다쳐 스스로 빠져나오지 못할 상황에 대비해 안전

▶ 드래건스백 굴에서 위를 올려다보면 이 지형에 드래건스백이라는 이름이 붙게 한 등성이(가운데에서 왼쪽)가 보인다. 발굴자들이 이 등성이를 따라 올라가면 디날레디 굴로 이어지는 슈트가 나온다. 통로를 따라 장비 운반과 통신을 위한 선들이 뻗어 있다.

계획을 세운 사람도 바로 나였다. 구출은 선택지에 없었다. 슈트의 좁은 공간에서 누군가를 돕기란 불가능하므로 다친 탐사자는 스스로 올라오거나 디날레디에 머물러야 한다. 구조 계획이라고 부를 만한 것이 있다면 의사를 내려보내 부상자가 혼자 힘으로 올라올 수 있을 때까지 그곳에서 보살피는 것뿐이다. 그때껏 디날레디에 들어간 사람은 채 50명을 넘기지 않았는데, 이제 내가 몸집이 가장 클뿐더러 나이도 가장 많은 최고령 탐사자가 될 예정이었다.

좁은 공간에서 몸을 양옆으로 움직여보았다. 몸을 일으켰다가 다시 낮춰도 보았다. 내 몸이 튼튼하게 느껴졌다. 나는 그 어느 때보다 준비가 되어 있었다.

이튿날 아침, 탐사단 전체가 동굴 입구 바로 바깥에 설치된 영구 베이스캠프인 탐사 본부 앞에 일일 브리핑을 들으러 모였다.

"내일 내가 디날레디 굴에 직접 들어가려고 합니다."

발표를 마친 나는 단원들의 눈빛을 둘러보았다. 케네일루는 야릇한 미소를 지었다. 슈트를 여러 차례 통과한 그에 견주면 내 몸은 살을 뺐는데도 두 배는 컸다.

"저희가 들어가게 해드릴게요, 교수님."

단원 중 가장 긍정적인 기운을 주는 마로펭이 웃으며 말해왔지만 그의

▶ 인류학자 아거스틴 푸엔테스.

얼굴에는 믿지 못하겠다는 마음이 그대로 드러났다. 존과 아거스틴은 고개를 끄덕였다. 두 사람에게는 전날 저녁 식사 때 계획을 미리 말해두었다. 이

날 탐사단을 이끌 더크 반루옌Dirk van Rooyen이 내 하강과 등반을 책임질 예정이었다. 나는 전날 오후 내가 디날레디를 탐사해도 될 만큼 건강한지 확인하고자 더크에게 조언을 구했다. 더크가 나를 살펴보았다. 나를 바보 같다고 생각했는지는 모르겠지만, 그는 전문가 관점에서 볼 때 내 신체가 탐사를 시도할 준비가 되었다고 판단했다. 무엇보다 내 도전이 탐사단을 위험에 빠뜨리지 않을 것이라고 말했다.

가장 충격을 받은 듯한 표정을 지은 사람은 다큐멘터리 제작팀의 카메라맨 워런 스마트Warren Smart였다. 제작사는 험난한 동굴 탐험을 고려해 경험 많은 모험가이자 잠수사인 워런을 이 프로젝트에 특별히 영입했다. 워런은 이른 봄 디날레디에서 작업하는 케네일루를 찍으러 슈트를 내려갔는데, 촬영 후 넋이 나갈 것 같은 경험이었다고 이야기했다. 그리고 다시는 슈트를 내려가지 않겠다고도 단언했다. 슈트가 자신의 육체적, 정신적 한계를 극한으로 밀어붙였기 때문이다. 그런데 내가 발표를 마치자 워런이 다가와 말을 건넸다.

"교수님이 들어가신다면 저도 꼭 들어가야겠어요."

그의 말에 나는 얼굴이 파랗게 질렸다.

"나 때문에 위험을 무릅쓰지는 말아요."

"이건 제 결정이에요. 등 떠민 사람도 없고, 매수한 사람도 없고, 설득하려 한 사람도 없어요. 사실 교수님 동료인 존이 저는 내려가지 않아도 된다고 이미 확실히 말해주기도 했고요."

"정말 그러지 않아도 됩니다."

"알아요. 하지만 교수님과 함께 저 아래를 촬영할 기회를 놓치고 싶지

▶ 고인류학자 존 호크스.

않아요."

#

드디어 디날레디에 도전하는 날, 나는 이른 아침인 다섯 시에 일어나 준비에 들어갔다. 동굴 탐사 때 입는 하이킹용 긴 스킨슈트를 입고 그 위로 점프슈트를 입었다. 30분 동안 백팩에 넣어 가져갈 여러 장비와 헤드램프, 배터리를 점검했다. 짐을 싸기 전 나머지 장비들도 펼쳐놓고 하나하나 확인했다. 작은 온습도계 하나, 강력한 UV 손전등 하나, 녹화용으로 쓸 스마트폰 두 개(뽁뽁이로 싸맸다), 완전히 충전한 보조 배터리 하나, 충전기 선 여럿, 가벼운 조명 하나, 믿음직한 미키마우스 시계 그리고 물병 하나.

그리고 침대에 걸터앉아 10년도 더 전에 친구가 준 영국군 전투화의 끈을 동여맸다. 종아리까지 오는 이 신발을 신고 지하 세계를 수백 번 여행했다. 끈을 다 매고는 방을 둘러보았다. 존, 아거스틴과 아침을 먹기로 한 시각까지 아직 30분이 남아 숙소 벽을 바라보며 긍정적인 생각을 떠올리려고 했다.

먼저 아내 재키가 떠올랐다. 아마 병원에 출근하려고 막 일어났을 것이다. 딸 메건과 아들 매슈도 떠올랐다. 호주 퀸즐랜드주 개턴에서 수의학을 공부하고 있는 메건은 수업 중일 테고, 서던캘리포니아대학교에서 영화 수업을 듣는 매슈는 최근 찍은 영화를 마무리하고 있을 것이다. 나는 아직 가족 누구에게도 내가 하려는 일을 알리지 않았다. 우리는 매우 가까운 사이지만, 식구들은 내가 이 도전에 나선다는 사실을 아는 즉시 눈을 치켜뜰 것이 뻔했다. 내가 슈트를 통과할 수 있을지는 이미 스스로 충분히 의심했다. 가까운 가족이 말린다면 쉽게 설득되고 말 것이라는 마음 한구석에 자리한 사실을 누구보다 내가 잘 알았다.

그동안 8년 넘게 나는 세상을 향해 절대 디날레디에 들어가지 않겠다고 공언해왔다. 최초 탐사를 기록하는 카메라에 대고도 직접 그렇게 말했다. 모든 공개 강연마다 내 몸은 고사하고 내 자아만으로도 슈트를 통과하기에 이미 너무 크지 않냐는 농담을 던졌다. 어찌 보면 나 자신이 스스로에게 느끼는 실망감을 달래는 방법이었는지도 모른다. 디날레디 굴이 내 인생을 바꿨지만 나는 절대로 그곳에 내려가지 않겠다고 다짐했다. 지금까지는.

#

아침을 먹는데 아거스틴이 커피를 마시다 말고 나를 뚫어져라 바라보다 입을 뗐다.

"끝까지 가보려는 거죠?"

"적어도 시도는 한번 해보려고요."

"좋아요."

내가 고개를 끄덕이자 그도 알겠다는 듯 고개를 끄덕였다. 그의 미소에 조마조마한 마음이 묻어났다.

아프리카 하이펠트에 안개가 자욱하게 낀 아침이었다. 라이징 스타의 흙바닥 주차장에 도착한 나는 지프에서 내려 기지개를 켜며, 이 구역에 사는 영양들이 물웅덩이로 내려가는 모습을 지켜보았다. 아름답고 평화로운 광경이었다. 존과 아거스틴은 탐사 본부로 가 다큐멘터리 제작진, 다른 탐사 단원과 가볍게 이야기를 나눴다. 나는 뒤에 남아 장비를 챙겼다. 전등, 안전모, 배터리, 전화기를 다시 한번 확인하고 모든 물품을 오렌지색 백팩 안에 정리했다. 준비를 마치고 보니 워런이 제작진 밴에서 혼자 촬영 장비를 점검하고 있었다. 그에게 다가가 말을 걸었다.

"아이고, 안녕하십니까!"

내가 쾌활하게 인사했다. 워런의 점프슈트가 허리께에 걸려 있었다. 그 느긋한 태도에 절로 미소가 나왔지만, 그래도 워런에게 마지막으로 발을 뺄 구실을 주고 싶었다.

"있잖아요, 이번 일에 나서고 싶지 않다면 내가 감독한테 안전상 이유로 당신의 출입을 금지했다고 말할게요. 감독은 내 말을 받아들여야 할 겁니다. 내가 선택권을 주지 않을 거거든요."

워런의 얼굴에 웃음이 번졌다. 그러고는 곧 내 어깨에 한 손을 얹으며 대답했다.

"무슨 그런 말씀을. 걱정해주셔서 감사하지만 하늘이 무너져도 이 기회를 놓칠 수는 없거든요."

나는 고개를 끄덕였다. 우리가 워런에게 품위 있게 물러날 모든 기회를 주었다고 생각하니 마음이 놓였다. 그래서 다시 지프로 돌아가 장비를 점검하고 마음을 다잡았다.

평소처럼 내가 아침 브리핑을 위해 탐사 본부 앞에 모든 사람을 불러

모았다. 평소 화이트보드에 하루 계획을 적곤 했는데, 그날은 한 번도 적어 넣은 적 없는 내용이 들어갔다. 디날레디 굴 탐사자 명단에 내 이름을 넣은 것이다.

"나도 들어갑니다."

나는 이 말을 반복하며 마음이 바뀌지 않았다는 사실을 모두에게 알렸다.

"언제나 그렇듯 안전이 먼저입니다. 더크가 디날레디 팀을 이끕니다. 케네일루와 드래건스백 굴 팀은 모두 준비를 마쳤고요."

나는 계획을 세우며 다른 절차들도 처리해 누가 '상부'에서 지휘 본부를 담당할지, 누가 동굴을 오가며 물품을 운반하는 잔심부름을 할지도 의논했다. 그리고 안전 수칙을 반복한 다음 화이트보드 마커의 뚜껑을 닫았다.

"몇 시간 뒤 봅시다. 부디."

제 1 3 장

슈트 속으로

동굴에서는 소리가 거의 전달되지 못한다. 슈퍼맨스 크롤에서 나와 드래건 스백 굴에 섰을 때, 앞쪽 가까운 곳에 다큐멘터리 제작진과 발굴단 전체가 있다는 것을 알게 되었다. 하지만 이들의 존재를 알 수 있는 유일한 신호는 높은 아치형 천장에서 반사되는 은은한 빛뿐이었다.

오른쪽으로 걸어가 굴에서 낮은 쪽인 북쪽 구역을 내려다보았다. 이곳은 케네일루가 이끄는 발굴단이 이미 작업 중인 발굴 영역이었다. 발굴자 세 명이 발굴 구획을 절반씩 맡아 꽃삽과 붓을 들고 그 위로 쪼그려 앉아 있었다. 존이 구덩이 가장자리에서 이리저리 움직이며 사진을 찍었고, 케네일루는 현장 수첩에 상황을 기록했다. 굴 바닥으로부터 몇 센티미터 위로 발굴 구획을 나누는 두툼한 노란색 모노필라멘트사가 깔끔한 정사각 격자를 그리며 뻗어 있었다.

나는 바닥을 향해 돌출된 천장 아래로 몸을 숙여 굴의 남쪽 구역으로 들어갔다. 어두운 이곳을 비추는 것은 발굴 구역의 먼 끝에서 흘러나오는 어슈푸레한 불빛뿐이었다. 우리는 이 넉넉한 공간을 장비가 가득한 대기 지역으로 사용해 발굴자들이 일과를 준비할 수 있게 했다. 이날 아침 이곳은 어느 때보다 붐볐다. 디날레디로 들어갈 준비를 하는 탐사단의 모습을 다큐멘터리 제작진이 촬영하고 있었다. 마로펭과 워런이 점프슈트 위로 선홍색 등반용 안전대를 매는 동안 헤드램프가 번쩍였다. 더크는 이미 드래건스백 등성이를 절반쯤 올라가 윈치winch로 장비를 끌어 올릴 준비를 하고 있었다.

나도 우리가 여러 해 전 드래건스백에 설치한 안전줄에 연결할 안전대를 집어 들었다. 안전대는 위로 올라가다 혹시라도 미끄러졌을 때 심각한, 아마도 목숨을 위협할 추락을 막을 유일한 장치였다. 안전대에 다리를 집어넣고 허리께까지 올린 뒤 앞에서 버클을 채우고 벨트를 꽉 당겼다. 그때 발굴 구역에서 존이 나타나 다가오더니 나를 카메라에서 떨어진 곳으로 데려갔다.

"이걸 좀 보셔야 할 것 같아요."

존을 따라 케네일루의 발굴팀이 조명 아래에서 작업하는 곳으로 가보았다. 존이 바닥에 떨어진 백운암 판 위로 올라섰다. 오래전 언젠가 동굴 천장에서 떨어진 이 암석이 이제는 발굴 구역의 가장자리를 나타냈다. 케네일루가 이 돌판 가장자리 가까이에 서 있었다.

"뼈가 몇 점 나왔는데, 한번 보시는 게 좋을 것 같아요."

나는 케네일루 옆에 무릎을 꿇고 앉았다. 변색한 퇴적물 구획 안에 뼈들이 놓여 있었다. 이 구획을 맡은 발굴자가 굴 바닥에서 약 15센티미터 아래까지 파고 들어가 깔끔하고 평평한 지면을 만들었는데, 그곳에 점점이 작은 뼛조각들이 박혀 있었다. 뼛조각 주위로 이곳에서 흔히 보는 짙은 주황색 토양에 회색이 섞여 있었다. 재가 있을지 모른다는 신호였다. 작은 뼛조각 하나가 흙 속에 묻힌 더 큰 조각에서 떨어져 나와 있었다. 무언가를 암시하듯, 작은 뼛조각의 얼룩에 불에 노출된 뼈에서 흔히 나타나는 검푸른 변색이 있었다.

"불에 그을렸을 **가능성**이 있군."

나는 조심스럽게 말했다. 신중히 판단해야 할 이유가 한둘이 아니었다. 광물이 뼈에 얼룩을 남기기도 하는 데다, 정말 불에 그을린 뼈라면 이처럼 중요한 발견이 발굴 과정에서 이렇게 빨리 나타날 만큼 우리가 운이 좋다고도 생각하지 않았기 때문이다. 과거에 불을 통제해 사용했다고 증명하는 것은 고인류학자 사이에 대개 논쟁을 부르는 주제다. 사방이 뻥 뚫린 지상이 아닌 동굴에서 작업하는 상황을 고려하면 논쟁의 여지가 훨씬 컸다.

탁 트인 지형에는 먼 옛날 화재가 언제 어떻게 시작되었는지 설명하는 것을 어렵게 하는 변수가 대단히 많다. 외부에 노출되었거나 사방이 트인 공간에서는 불타는 나무밑동, 산불, 심지어 박쥐 구아노*guano에서 우연히 일어난 폭발 같은 것조차 화재를 일으킬 수 있다. 정말이다. 환기가 어려운 동굴에서 박쥐가 배설을 지속하면 메탄가스가 쌓여 결국은 자연 발화가 일

• 동물, 특히 새의 배설물이 축적되어 굳어진 덩어리로 비료로 이용되기도 한다.

어난다.

　동굴은 이 가운데 많은 변수를 제거하지만(안타깝게도 박쥐의 구아노는 예외다) 선사시대 동굴에서 일어난 화재는 흔적을 남길 가능성이 미미하다. 이런 불길은 횃불을 밝히거나 끼니를 요리할 목적으로 작게 한 번만 사용되었을 것이다. 벽이나 천장에 쌓인 그을음처럼 불을 나타내는 유력한 증거가 나타나려면 이론적으로 불길이 여러 번 반복해 타올랐어야 하므로, 변색을 발견했을 때는 유력한 원인에서 불을 제거하는 편이 언제나 간편하다.

　케네일루의 발견에 결론을 내릴 만큼 충분한 실체는 없었지만, 그렇다고 이 발견을 완전히 묵살하고 싶지도 않았다. 날레디가 라이징 스타 동굴계에서 자연광이 닿지 않는 다양한 구역을 사용한 것은 불을 사용했다는 거의 확실한 암시였다. 하지만 특정 호미닌 종이 불을 사용했다는 증거는 전반적으로 드물다. 연구자들은 호모 에렉투스 같은 초기 호미닌 종이 불을 사용했을 가능성을 제기하지만, 에렉투스의 뼈를 곧장 불과 연계할 증거가 거의 없어 이 가설은 지금도 증명되지 않았다. 라이징 스타의 상황 때문에 우리는 어쩔 수 없는 논리적 결론에 다다랐다. 동굴에서 이렇게 어두운 구역을 사용한 호미닌이라면 어떤 종이든 불로 길을 밝힐 줄 알았을 테고, 우리 같은 현대 동굴 탐험가들을 빼면 이 깊은 드래건스백 굴까지 온 호미닌은 우리가 아는 한 호모 날레디뿐이었다.

　손을 털고 일어나 케네일루에게 말했다.

　"알려줘서 고맙네. 돌아와서 더 자세히 들여다보도록 하지. **돌아온다면** 말이야."

　"있다 뵐게요, 교수님."

케네일루가 미소를 담아 답했다.

#

워런은 안전대를 착용하고 카메라 장비를 어깨에 메고 있었다. 얼굴에 걱정하는 기색이라고는 없었다. 내가 그에게 걸어가 물었다.

"준비되셨습니까?"

"물론이죠!"

"좋아요, 그럼 시작해봅시다."

나는 알루미늄 사다리의 네 번째 단을 붙잡은 뒤 정적 로프static rope에 고리를 걸고 드래건스백을 올라갔다.

암벽을 오를 때는 바위에 하켄으로 고정해놓은 정적 로프를 따라 이동하는데, 몸에 걸친 안전대와 이 정적 로프를 한 쌍의 금속 고리를 이용해 연결해야 한다. 고리 하나를 정적 로프를 고정한 하켄에 건 다음, 안전대에서 다른 고리를 풀어 하켄 건너편의 로프에 다시 걸고 등반을 이어간다. 그런데 규칙이 하나 있다. 안전대에서 두 고리를 동시에 풀어서는 안 된다. 그렇게 낯선 리듬을 계속 유지해야 한다. 오르고, 풀고, 걸고, 풀고, 걸고, 오르고. 이렇게 신중하게 드래건스백을 이동한 덕분에 등성이 양쪽을 살펴볼 시간이 생겼다. 날레디가 어둠 속에서 이 날카로운 바위벽을 오르는 모습을 떠올려 보았다. 그들은 체조 선수가 추락할 위험이나 높은 곳을 두려워하지 않고 지면 위를 이동하듯 날렵하게 바위벽을 올랐을까? 아니면 언제든 한

번의 실수로 심각한 부상이나 더 나쁜 상황이 벌어질 수 있다고 의식하며 나처럼 신중하고 조심스럽게 움직였을까?

오르막길 꼭대기에서 마지막 뾰족한 암석에 올라서니 길이 1미터의 다리가 나왔다. 이 짧은 다리 아래로 가파르게 바닥으로 떨어지는 좁고 깊은 틈새가 있었다. 우리는 이 틈을 뛰어넘곤 했는데, 나는 예순이 코앞인 나이에 목숨을 내건 점프는 되도록 피하려 했으므로 미리 다리를 설치해달라고 요청해두었다. 이제 틈을 건너기가 훨씬 안전해졌고, 모든 탐사자가 만일에 대비해 몸에 더 가까이 위치한 정적 로프에 고리를 걸 수 있었다.

내가 다리를 건너자 더크와 마로펭을 포함한 다른 탐사자들이 안전대를 벗고 슈트 입구로 이동했다. 우리는 이 공간을 앞으로 오랫동안 보게 될 것이었다. 여기에서부터는 계속 좁아지기만 하는 틈과 통로를 지나고, 그 과정에서 작은 구멍 사이로 아래쪽의 얽히고설킨 단층과 갈라진 바위틈을 엿볼 수 있었다. 안전대를 벗고 있는데 워런이 카메라를 들고 다가오기에 물었다.

"앞에 가고 싶은가요, 뒤에 가고 싶은가요?"

"제가 앞에 가는 쪽이 좋겠습니다. 그럼 교수님이 디날레디에 들어섰을 때 첫 반응을 찍을 수 있으니까요."

"기대가 너무 크십니다."

내가 농담으로 응수했다. 그리고 더크와 다른 단원들이 슈트 입구로 향하는 틈에서 하강을 준비하는 쪽을 가리켰다.

"먼저 가시죠."

슈트 입구는 길이 1미터, 너비 약 30센티미터인 작은 구멍이다. 이곳에 들어가는 가장 좋은 방법은 등을 대고 기어 들어가서 몸을 요리조리 움직여 발을 먼저 벽에 댄 다음, 손으로 벽을 짚어 몸을 앞으로 밀어내는 것이다. 앞쪽으로 움직이다 보면 오른쪽에 약 15센티미터 너비의 틈이 나오는데, 여기에 끼지 않도록 몸을 이리저리 움직여야 한다. 이 짧은 구간이 끝나면 슈트 입구 옆에 있는 자그마한 구석이 나온다. 이곳에서 슈트 트롤이 웅크리고 앉아 내려가는 탐사자들의 뒷모습을 지켜본다. 이번에는 마로펭이 그 자리를 지켰다.

더크가 조명, 카메라, 배터리를 담은 드라이백을 밀고서 입구로 미끄러져 들어갔다. 더 무거운 장비는 대부분 하루 전 탐사자들이 디날레디로 옮겨 인터넷을 설치하고 전원이 작동하는지 확인했다. 장비를 옮기는 데 시간이 좀 걸리므로, 나는 차례를 기다리는 동안 바위에 웅크리고 앉아 마음을 편히 먹으려고 했다.

더크가 내려가자 다음은 마타벨라 치코아네 차례였다. 그는 키가 나보다 발 하나는 작고 몸무게도 내 절반쯤이었다. 마타벨라가 급격히 휘는 첫 모퉁이를 낑낑대며 돌았다. 슈트 입구로 몸을 밀어 넣으며 끙끙대는 소리를 냈다. 마타벨라의 모습을 보니 속이 울렁거렸다. 마음속에서 의심이 싹트기 시작했다. 내가 해낼 수 있을까? 자신 있게 그 공간으로 몸을 밀어 넣던 어제와 다르게 그다지 자신감이 생기지 않았다.

10분 뒤, 마타벨라가 몸을 비틀어 U자로 휜 미로 같은 모퉁이를 지나며 마침내 슈트를 통과했다. 다음은 워런 차례였다.

"조심하세요."

워런에게 고개를 끄덕여 신호를 보냈다. 워런이 엄지를 치켜세우더니 버둥거리며 좁은 구멍으로 들어갔다. 머지않아 워런의 헤드램프와 안전모까지 시야에서 사라졌다.

내 얼굴에 서서히 의심이 번졌다. 마로펭을 바라보자 눈이 마주친 그가 나를 응원했다.

"할 수 있어요, 교수님!"

그 말에 점프슈트의 소매를 끌어 올렸다. 몇 분 뒤 인터콤으로 워런이 디날레디에 도착했다는 소식이 들렸다. 나는 숨을 크게 들이쉰 뒤 등을 대고 슈트 통로로 조금씩 내려갔다.

슈트 내려가기

"아랫다리는 슈트에 들어갔어요. 더 아래로 내려가면 뭉툭 튀어나온 암석이 발에 걸릴 겁니다. 그걸 길잡이 삼아 발을 아래로 내리세요."

마로펭이 말했다. 골반과 배가 조금씩 좁은 공간으로 들어가는 사이 내가 고개를 끄덕였다. 마로펭을 바라보려고 몸을 돌리자 거친 암석이 배와 등을 긁었다.

"이렇게?"

마로펭이 슈트 상부의 가늘고 긴 틈에 들어갈 수 있도록 부츠의 방향을 틀어 집어넣는 법을 보여주었다. 나는 발목을 돌리고 다리를 90도로 구부렸다. 장갑을 낀 두 손이 먼지투성이 표면을 쓸어내렸다. 들어가는 각도가 희한해 얼굴이 암석에 바짝 눌렸다. 입안에서 흙이 느껴졌다. 천천히 아래로 내려가자 가슴이 슈트 입구 양쪽에 걸렸다. 몸을 비틀어 움직였더니 어두운 벽이 시야를 가렸다. 드디어 나도 슈트에 들어왔다.

오랫동안 위에서 내려다보기만 한 공간이다. 디딤돌과 손잡이 역할을 해준 자그맣고 뭉툭한 돌출물이 보였다. 그런데 벽이 그렇게나 축축할 줄은 몰랐다. 미끄러운 표면에서 손과 발을 걸칠 곳을 찾느라 애를 먹었다. 눈을 감은 채, 나를 견인해줄 돌출물을 찾아 더듬거렸다. 디딤돌 하나를 찾은 뒤 온몸의 체중을 그곳에 실었다. 두 손으로 벽 양쪽을 짚고 버텼다.

"맨 아래를 보세요, 교수님. 오른쪽 뒤에 틈새 하나가 있을 겁니다."

마로펭이 말했다. 공간이 비좁아 안전모를 쓴 머리를 움직이기도 어려웠다. 발 쪽에 헤드램프를 비추니 바위에 기막히게 작은 틈이 보였다. 디날레디로 내려가는 유일한 길이었다.

"찾았어."

"부츠를 그 안에 넣고 몸이 맞은편 벽을 보도록 틀어야 해요."

위쪽에서 비추는 마로펭의 헤드램프가 기묘한 그림자를 드리웠다. 처음 몇 미터 동안은 마로펭이 나를 안내해 내가 발과 손을 걸칠 곳을 찾고 몸의 위치를 잡도록 도왔다. 나는 대략 3~4미터를 내려가 첫 모퉁이에 도착한 뒤 천천히 왼쪽으로 몸을 옮겼다. 이곳이 진정한 첫 번째 스퀴즈였다. 이곳을 통과한다면 마로펭의 시야에서 내가 사라질 것이다. 이 지점에서 4미터쯤 아래에 내 발과 몸이 다음 하강 구간을 통과하도록 안내할 더크가 앉아 있었다. 그다음에는 전체 여정에서 가장 중요한 도전, 바로 악명 높은 폭 19센티미터의 스퀴즈가 기다렸다.

탐사가로 지낸 33년 동안 나는 위험한 상황을 많이 맞닥뜨렸다. 모퉁이를 돌다 뜻하지 않게 사나운 동물을 마주칠 때처럼 위험은 단시간에 발생하는 경향이 있다. 이런 동굴 탐사에는 위험이 도사리기 마련이라 동굴 탐험가들은 그런 위험에 대비해 훈련한다. 나무에서 등산용 로프의 사용법을 연습하고, 뜻하지 않게 마주할 스퀴즈를 목재와 합판을 이용해 모형으로 만들어 최악의 상황을 가정한 훈련 시나리오를 반복한다. 라이징 스타의 원조 '지하 우주인' 중 한 명인 동굴 탐험가 해나 모리스Hannah Morris는 식탁 의자 아래를 버둥거리며 지나는 방식으로 슈트의 스퀴즈를 통과하는 훈련을 했다. 하지만 아무리 많이 연습한다 해도 실제 상황에 완벽하게 대비할 방법은 사실상 없다.

몸을 아래로 낮춘 나는 어렵사리 부츠의 방향을 틀어 틈새에 집어넣었다. 양쪽 부츠를 함께 밀어 넣자 간신히 들어갔다. 아래쪽에서 더크가 움직이는 소리가 어둠을 뚫고 들려왔다. 그가 큰 목소리로 물었다.

"잘 내려오고 있어요?"

"지금까지는 괜찮네!"

나도 소리쳤다. 나는 다시 끙끙대며 다리를 바위 틈새로 밀어 넣었다. 암석이 허벅지를 눌렀다. 가슴께에서는 훨씬 꽉 조일 것이다. 이때쯤 두 발이 틈새를 빠져나가 허공에서 달랑거렸다. 발이 닿을 벽도, 발을 올릴 만한 디딤돌도 없었다. 나는 이제 곧 큰 도전에 나설 참이었다. 계속 아래로 내려가다 보면 이 공간이 가슴을 짓누르는 지점이 될 것이고, 나는 내 골격 중 가장 넓은 부위를 길고 가는 틈으로 욱여넣어야만 할 것이다. 절로 얼굴이 찡그려졌다. 이 경로는 나중에 밖으로 나갈 출구이기도 하니 다시 올라오는 길이 내려가는 길보다 더욱 험난할 것이 뻔했다. 아래쪽에서 더크가 용기를 북돋웠다.

"좋아요. 거기서 0.5미터 아래에 첨탑처럼 솟은 돌덩어리의 꼭대기가 있어요. 석순의 뾰족한 끄트머리인데 거기에 발끝을 디딜 수 있을 거예요. 그다음에는 몸을 돌리세요. 왼쪽으로 내려와 이곳에 들어섰을 때 석순을 껴안고 있도록요."

숨을 깊이 들이쉬고, 더크가 묘사한 기괴한 석순을 떠올려 보았다. 어둠에 가려 보이지 않지만 바로 밑에 튀어나와 있을 석회 원뿔의 둥그스름한 끄트머리를.

나는 눈을 질끈 감은 뒤 버둥거리며 틈새로 들어가 뾰족 솟은 석순의 끄트머리 쪽으로 오른발 끝을 뻗었다. 가슴을 압박하는 좁은 스퀴즈에 들어서자 석순을 찾아낼 수 있었다. 그래서 두 팔을 써 몸을 아래로 밀어냈다. 숨을 쉴 때마다 내 몸무게가 점점 더 가슴을 짓눌렀다. 암석이 등과 가슴뼈를 긁다 못해 뼈를 안쪽으로 밀어 넣어 함몰을 일으키는 느낌이었다. 부츠 발부리에 석순 꼭대기가 느껴졌다. 더크에게 물었다.

"내 발이 석순 위에 있는 건가?"

"네, 잘했어요. 이제 오른쪽으로 돌면 됩니다. 그래야 이 공간으로 떨어질 때 등을 벽에 대고 석순을 껴안을 수 있어요."

앓는 소리가 절로 났다. 곡예사나 할 법한 동작이었다. 그래도 상체에 잔뜩 힘을 준 채 힘겹게 더크의 지시를 따랐다. 느릿느릿 빙빙 돌며 발레리나처럼 암석에서 한시도 발끝을 떼지 않은 채 바위틈으로 들어갔다. 서서히 몸을 움직여 더크가 원한 자세를 잡았다.

"그렇죠. 이제 몸을 뒤로 젖히면서 오른쪽으로 도세요."

내가 참조할 것은 더크의 목소리뿐이었다. 고개를 돌리기조차 힘든 자세였다. 가볍게 숨을 들이쉰 뒤 그 공간으로 들어갔다. 이건 미친 짓이었다. 두 발끝에 양쪽으로 갈라진 바위틈이 모두 느껴졌다. 이제 몇 분 뒤면 내 골반, 상체, 이어 안전모가 19센티미터 폭의 스퀴즈를 통과해야 했다. 이 지점부터는 정말로 되돌릴 길이 없었다.

이 공간에 들어선 순간, 나는 깜짝 놀랐다. 귀가 닳게 들었던 이 독특한 석순을 드디어 내 두 눈으로 보다니. 석순이 얼마나 기이한 모습으로 자리 잡고 있는지, 석순에 얼마나 가까이 있게 될지는 아무리 상상해도 도무지 그려지지 않았다. 이제 나는 말 그대로 석순을 껴안고 있었다. 두 다리가 좁은 공간으로 비스듬히 들어가 있었고, 골반은 내 부츠가 긁혔던 좁은 틈새에 끼어 있었다. 뺨은 축축한 암석에 말 그대로 바짝 눌려 있었다. 숨을 돌리고 쉬면서 주위를 둘러보았다. 그러다 깨달았다. 여기는 슈트가 아닌데. 공간의 모양이 우리 지질학자들이 묘사했던 것과 전혀 달랐다. 우리가 발표한 학술 논문과 기사에 실린 슈트의 그림과도 사뭇 달랐다.

스티브와 릭이 슈트를 처음 발견한 2013년 9월 13일 이후로 우리는 두 사람이 초기에 들려준 설명과 이곳을 다녀간 모든 탐사자의 증언에 근거해 모든 논문에서 슈트를 굴뚝 모양의 틈새, 즉 단일한 수직 통로로 묘사했다. 이 이미지가 곳곳에 퍼져 이제는 위키피디아마저 슈트를 이런 식으로 묘사했다.

그런데 슈트는 단일한 수직 통로가 아니었다. 슈트는 통로가 될 만한 것들이 복잡하게 얽히고설킨 연결망이었다. 헤드램프가 내 오른쪽의 다양한 틈새와 스퀴즈가 물결을 이루는 커다란 틈을 비췄다. 내 위쪽으로 이 연결망에 들어올 수 있는 여러 다른 입구들이 보였다. 몇몇 입구는 날레디 크기의 개체가 충분히 통과할 수 있을 만큼 커 보였다. 내 주변에서 날레디가 이 공간을 앞다투어 오르는 모습을 상상해보았다. 어른과 어린아이들이 마음에 드는 통로로 올라갔다. 이들은 상대적으로 몸집이 큰 우리와 달리 한 번에 한 명씩 통로를 지나지 않아도 되었다. 동시에 여럿이 함께 통로를 오갈 수도 있었다. 슈트는 기회의 미로였다. 석순에 매달려 있는 동안 나는 우리가 여러 해에 걸쳐 몸을 밀어 넣은 이 슈트가 과연 가장 쉬운 길이었을지 다시 생각해보았다.

군대가 한 방향으로 이동하기 시작하면 행군을 저지하기란 어렵다. 길을 찾는 정찰대가 늘 최적의 경로만 찾아내는 것이 아닌데도 이들이 길을 개척한 뒤에는 장성들이 웬만해서는 더 나은 대안을 찾지 않는다. '선도자 증후군 pathfinder syndrome'이라 부르는 이 현상은 탐사가들이 계속 냉철하게 자기 일에 임하고 싶다면 경계해야 할 관성이다. 우리 탐사단이 슈트를 계속 이용한 까닭은 앞서 슈트를 통과한 사람들에게서 길을 배웠기 때문이다. 사실 탐사 초기에 라이징 스타 동굴계 곳곳에 전선과 통신선을 설치하는 과정에서 디날레디로 들어가는 또 다른 길을 찾아냈다. 깡마른 탐험가들만 통과할 수 있을 정도로 좁아 슈트보다 지나다니기는 어려워도 분명 사용할 수 있었다. 하지만 우리는 늘 그 통로를 무시했다. 하지만 막상 내가 슈트에 매달리고 보니 아주 어리석은 판단이었다. 각각의 경로들은 별개의 수직 통로나 터널이 아니었다. 모든 경로는 광범위한 구역에 그물처럼 복잡하게 펼쳐진 연결망 중에서 두 지점을 연결한 것에 불과했지만, 우리가 폭이 가장 넓은 경로가 필요하다고 제멋대로 판단하면서 사용에 제약이 생긴 것이다. 그런데 호모 날레디는 우리처럼 까다롭게 굴지 않았을 것 같았다.

내가 어둠 속에 매달려 깨달은 또 다른 사실은 슈트가 아래쪽의 힐 결굴까지 일직선으로 이어지지 않는다는 것이다. 아직 디날레디에 도착하지 않았는데도, 내려오는 동안 몇 미터나 옆으로 이동했다는 것을 알 수 있었다. 그렇다면 내가 슈트 꼭대기에서 아래쪽 힐 결굴로 내려가고 있다는 보장도 없었다. 심지어 중력 때문에 다른 방향으로 내려가다가 갈라진 틈에 끼이거나 다른 방식으로 방향을 틀었을지도 몰랐다. 한 가지는 확실했다. 슈트라는 이름은 없어져야 했다. 그 이름이 모든 사람의 오해를 불렀다.

계속 아래로 내려갔다. 골반은 폭 19센티미터의 스퀴즈를 통과했지만, 가슴을 슬며시 이 틈새로 밀어 넣자 툭 튀어나온 암석이 가슴뼈를 무자비하게 짓눌렀다. 가슴뼈가 휘는 느낌이 들었다. 더크에게 소리쳤다.

"이 암석 때문에 못 지나가겠어!"

더크가 고개를 들자 그의 헤드램프가 번쩍였다.

"무슨 암석을 말하는지 알아요."

"지나갈 수 있을 것 같지가 않아!"

튀어나온 암석에 눌린 가슴뼈가 얼얼했다. 다른 길로 가면 어떨까 생각하며 어떻게든 몸을 다시 위로 빼내려 했다. 그리고 옆으로 움직였다.

"그쪽으로 가지 마세요! 교수님은 못 빠져나올 공간이에요."

하는 수 없이 숨을 헐떡이며 제자리로 돌아와 선택지를 생각해보았다. 위를 올려다보니 반쯤 어둠에 묻힌 채 통로 입구 옆에 앉아 있는 마로펭이 보였다. 오른쪽으로는 동굴로 드라이백을 내리고 올릴 때 사용하는 등반용 밧줄이 있었다. 밧줄이 내 옆을 지나 마로펭이 있는 곳까지 뻗어 있었다. 공간이 비좁아 오른손으로만 밧줄을 붙잡을 수 있었으므로, 손을 뻗어 밧줄을 잡은 뒤 최대한 오른손 손목에 휘감았다. 그리고 위를 올려다보았다.

"마로펭, 내가 말하면 위로 좀 당겨줄 수 있나? 튀어나온 암석에서 벗어나야겠어!"

손목에 휘감은 밧줄이 조여오는 것이 느껴졌다.

"물론이죠."

마로펭이 답했다.

"당겨!"

밧줄이 팽팽해졌다. 나는 두 발과 자유로운 왼팔로 찾아낼 수 있는 모든 방법을 동원해 벽을 힘껏 밀었다. 겨우 3~5센티미터 위로 올라갔는데도 가슴이 암석에서 벗어났다. 골반을 밑에 있는 석순 바로 아래쪽 공간에 밀어 넣고 두 다리를 통로 양쪽으로 벌렸다. 밧줄이 당기는 힘 때문에 어깨가 찢기듯 아팠다.

도저히 지나갈 수 없는 돌출된 암석을 바라보며 열심히 머리를 굴렸다. 지난 9년 동안 나는 슈트가 특별한 통로라고 지레짐작했다. 날레디가 여러 차례 이 경로를 이동했을뿐더러 시신까지 들고 바닥에 있는 굴로 갔다고 생각했다. 이런 이유로 오랫동안 슈트를 날레디의 행동을 이해하기 위해 보존해야 할 중요한 곳으로 여겼다. 이 경로를 건드려 지나기 쉬운 길로 바꿔서는 안 된다고 단언까지 했다. 하지만 새로운 경험과 이해 덕분에 이 통로가 고유하다고 잘못 판단해왔다는 것을 깨달았다. 우리 연구 측면에서 보면 이 통로는 사람이 드나들 수 있다는 점 말고는 하나도 특별한 것이 없었다. 그 물망처럼 펼쳐진 수많은 경로 가운데에서 선택할 수 있는 한 가지 경로일 뿐 신성할 것이 조금도 없었다. 암석 투성이 표면을 하나하나 모두 소중하게 보존할 필요가 없었다. 우리는 그동안 이 여정을 쓸데없이 어렵게 만들었다. 마침내 결단을 내렸다.

"더크, 여기 튀어나온 암석을 좀 떼어주겠나?"

통로를 훼손하는 데 의구심이 들었을지 몰라도 더크는 아무런 내색 없이 가볍게 답했다.

"네! 잠깐만요."

그리고 재빨리 디날레디로 내려가 지질 탐사용 망치를 가져왔다. 이어 망치질 몇 번만에 우리를 애먹인 성가신 암석 덩어리를 떼어냈다.

"이 정도면 충분할 겁니다."

더크가 미끄러지듯 다시 자리로 돌아갔다. 나는 숨을 깊이 들이쉰 뒤 더크가 암석을 제거한 곳으로 다시 미끄러져 들어갔다. 암석의 부서진 가장자리가 내 점프슈트를 잡아당겼다. 하지만 이번에는 암석이 여전히 가슴을 누르기는 해도 가슴뼈에 걸리지는 않았다. 폐에서 숨을 모두 내뱉어 흉곽을 최대한 줄이는 동시에 있는 힘껏 몸을 아래로 밀어보았다. 암석에 몸이 긁혔다. 통증에 이를 악물었다. 바로 그 순간 그곳을 벗어났다.

단원들이 디날레디로 가는 여정에서 가장 지독한 스퀴즈라고 말했던 곳을 통과했다. 나는 조심조심 아래로 발을 내디뎠다. 치약 용기 속 배배 꼬인 치약처럼 몸을 뒤틀고 틈새에 밀어 넣었다. 더크가 아래에서 지시를 내렸다. 왼쪽으로 2미터 움직이세요, 뒤로 도세요, 발을 더듬어 디딤돌을 찾아보세요. 그리고 몇 분 뒤, 부츠 앞부리에 사다리 꼭대기가 스쳤다.

믿을 수 없었다. 2013년 설치한 이 사다리는 우리 탐사단이 이 공간을 위해 특별히 설계한 것이다. 단원들이 여기까지 내려올 때면 지휘 본부에서는 인터콤으로 탐사단 전체에 알렸다. 그동안 그 안내를 수백 번은 들었다. "마리나가 사다리에 도착했다." "베카가 사다리에 도착했다." "케네일루가 사다리에 도착했다." 이 안내는 디날레디로 들어가는 모든 탐사자를 소개하는 문구이자, 이들이 안전하게 슈트를 통과했고, 가혹한 통로가 끝났다는 신호였다. 모든 본능을 거슬러 나는 긴장을 풀고 아래로 미끄러져 내려갔다. 그러다 갑자기 두 발이 사다리의 맨 윗단에 닿았다.

"리 버거가 사다리에 도착했다."

굴 바닥에 발을 디딘 나는 두 눈을 감았다. 눈물이 차올랐다. 이곳을 발견한 뒤로 8년 넘게, 이 공간에 절대 발을 들이지 못하리라고 생각했다. 끔찍한 여정이었지만 아주 많은 것을 배운 경험이었고, 통증과 두려움은 이미 그만한 값어치가 있었다. 이제는 앞으로 남은 탐사 시간을 최대한 활용해야 했다.

우리가 동굴 안쪽에 와이파이를 연결해두었다는 사실이 어느 때보다 고마웠다. 스마트폰을 꺼내 아내에게 영상 통화를 걸었다. 재키가 전화를 받자 나는 미소를 지어 보였다. 얼굴은 땀범벅에 꾀죄죄했지만 목소리는 의기양양했다.

"여기가 어디인 것 같아?"

"동굴 속?"

"디날레디 굴에 있어. 내가 들어왔다고!"

아내 얼굴에 순식간에 놀라움이 퍼졌다. 잠시 아무런 말도 하지 못하던 재키가 정신을 차리고 물었다.

"그럼 밖으로 나오는 건?"

아내는 실용주의자였다. 나는 미소를 지었다.

"들어올 수 있으면 나갈 수도 있지."

슈트 밖으로 나가면 그 즉시 전화해 무사함을 알리기로 약속했다. 몇 분 동안 가볍게 이야기를 나눈 뒤, 우리는 통화를 끝냈다. 이제 본격적으로 탐사에 나설 시간이었다.

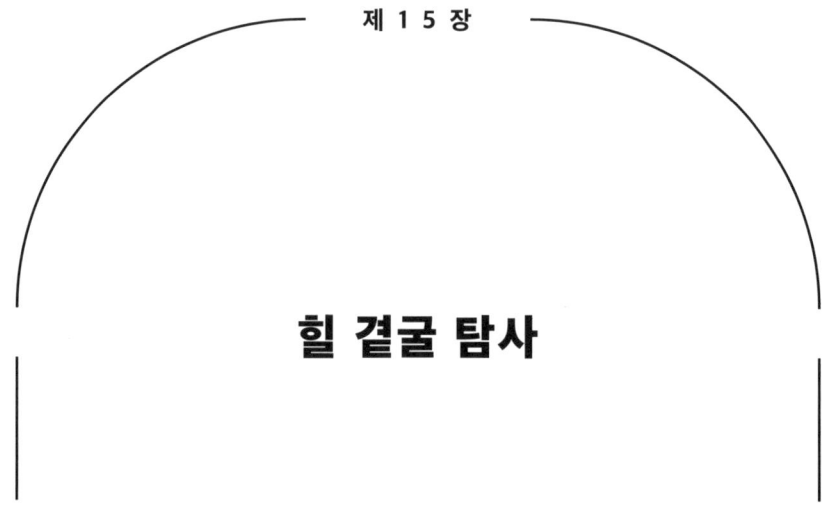

힐 곁굴 탐사

디날레디로 내려가기 전, 나는 사진이나 영상을 절대 찍지 않겠다고 다짐했다. 두 번 다시 디날레디에 들어가지 못할 것을 알았으므로, 카메라 렌즈나 액정 너머로 디날레디를 보고 싶지 않았기 때문이다. 나와 실제 라이징 스타 사이에는 8년 넘게 디지털 장벽이 있었다. 이제는 내 오감으로 이곳을 걷고 탐험하고 싶은 마음이 간절했다. 그나마 후세를 위해 취할 수 있는 선택이 있다면 디날레디를 탐사하는 동안 관찰하는 내용을 스마트폰 녹음 애플리케이션을 켜고 녹음하는 것뿐이었다. 결과물이 나중에 쓸모가 있을지는 모르겠지만, 녹음하는 과정이 내 관찰력을 높이고 순간순간 집중하는 데 도움이 되기를 바랐다.

나는 스마트폰과 레이저 거리측정기를 꺼낸 뒤 힐 곁굴의 모습을 묘사하며 녹음했다. 힐 곁굴은 예상보다 작아 폭 1.5미터, 길이 3~4미터에 지나지 않았다. 옆으로는 막다른 골목처럼 보이는 작은 통로들이 보였다. 그중 하나가 내 오른쪽으로 5~6미터가량 뻗어나가다 사라졌다. 백운암 덩어리가 떨어져 있는 좁은 통로였다.

힐 곁굴을 중심으로 자그마한 통로들이 얽혀 있는 것 같았다. 이런 통로들을 보며 슈트를 내려온 경험을 떠올렸다. 날레디는 여느 인간보다 몸집이 작고 머리 크기는 소프트볼보다 살짝 클 뿐이었다. 이곳까지 오느라 내가 선택할 수 있는 경로는 일직선에 가깝게 내려오는 슈트 하나뿐이었다. 하지만 내 머리 위쪽으로는 빽빽하게 얽혀 있는 갈라진 바위틈들이 있으니 날레디에게는 선택지가 여럿이었을 것이다. 아마도 이들에게는 이 공간들을 탐사할 길이 많았을 테다.

천장을 올려다보니 대충 삼각형을 이루는 뾰족한 봉우리가 내가 서 있는 곳 위로 4미터쯤 위에 뻗어 있었다. 사슴뿔처럼 매달린 종유석들이 장관을 이뤘고, 그 끝에 새하얀 방해석calcite들이 촘촘히 박혀 있었다. 동굴 벽은 회색 백운암뿐이었는데, 반대쪽 벽에는 석영 같은 어두운 처트층이 줄줄이 디날레디 굴로 뻗어 있었다. 앞쪽 굴 바닥에 있는 폭 1미터의 직사각형 구덩이는 우리가 날레디 어린이의 유골과 도구로 추정되는 것을 파낸 곳이었다. 발굴한 곳 바닥의 표면이 완전히 평평해 45도로 급격하게 기울어진 굴 바닥이 두드러져 보였다.

그런데 경사면의 방향이 내 예상과 달랐다. 우리는 발표한 논문에서 경사면의 가장 높은 지점을 슈트의 바닥이라고 설명했다. 하지만 이제 보니 흙이 슈트는 물론이고 드래건스백 굴과도 관련이 없을 것 같은 또 다른 입구에서 흘러들었다는 것을 알 수 있었다. 이 사실은 이렇게 깊은 디날레디 굴까지 뼈가 어떻게 들어왔는지 설명하는 주요 가설 하나와 상충했다. 매장설에 의문을 제기한 많은 회의론자가 날레디가 슈트로 내려오지 않았다고 주장했다. 날레디가 시신을 슈트 아래로 던졌고, 그 뒤로 중력이 유해를 한 곳에 쌓았다가 디날레디 곳곳으로 밀어 보냈다는 가설도 제기했다. 하지만 직접 힐 곁굴을 보니 회의론자들이 묘사한 방식대로 유해가 떨어졌을 리는 없다고 단언할 수 있었다. 슈트 하단에서 아래로 뻗어나가는 경사면이 없었다. 나는 슈트를 힐 곁굴로 물질을 내려보내는 관이 아닌 서로 연결된 여러 간극과 통로의 일부로 이해하기 시작했다. 슈트가 디날레디로 시신을 던져 처분하는 경로일 가능성은 없었다. 수천 년에 걸쳐 서서히 힐에 퍼진 흙과 유해는 미로 같은 동굴계의 모든 곳에서 들어왔을 것이다.

나는 뒤돌아 힐의 뒷벽, 슈트의 출구 쪽을 살펴보았다. 더크와 워런이 굴 바닥에서 5센티미터쯤 위로 넓은 판자처럼 뻗은 유석에 앉아 있었다. 유석 두께는 채 2센티미터가 되지 않았지만, 누가 봐도 매우 단단해 동굴 탐험가 여러 명의 몸무게를 지탱할 만했다. 2017년 현장 조사에서 인공 유물이 있는지 확인하고자 유석 표층에 쌓인 흙을 파냈는데, 그때는 아무것도 발견하지 못했다. 그런데 막상 내 눈으로 직접 살펴보니 곳곳이 부서져 나가 있었다. 한 곳은 얼마 전 부서진 것처럼 보였지만 나머지는 잘려나간 듯 보였다.

유석 가장자리를 자세히 살펴보았다. 자연스럽게 마모된 가장자리로는 보이지 않았다. 가장자리 표면이 침식되어 곡면을 이루리라고 예상했는데 실제로는 날카롭고 들쭉날쭉했다. 자연스럽게 부서진 모습이 아니었다. 누군가가 또는 무언가가 이 유석을 부순 것이다. 그래서 의문이 생겼다. 부서진 조각들은 어디 있는 거지? 지금껏 우리는 힐 곁굴에서 그런 조각을 하나도 발견하지 못했다. 그렇다. 부서진 조각들이 사라지고 없었다.

유석은 그냥 툭 부서지지 않는다. 그렇다고 성인을 지탱할 만큼 튼튼한 돌도 아니다. 암석이 떨어지면서 유석을 부쉈을 수도 있겠지만, 그럴 가능성은 보이지 않았다. 게다가 그랬다면 떨어져 나간 덩어리가 바로 주변에 있어야 했다. 그래서 단원들에게 물어보았다. 혹시 우리 탐사단이 유석을 부쉈을까? 유석을 부순 사람은 아무도 없었다. 놀랍지 않은 결과였다. 가장자리에 보이는 절단면은 분명히 최근에 생긴 것이 아니었다. 깔끔하고 하얀 석회가 보이지 않고, 족히 수천 년 동안 쌓였을 것 같은 흙으로 덮여 있었기 때문이다. 유석을 부순 것이 우리가 아니라면 다른 유력한 용의자로 고려해야 할 대상은 호모 날레디였다.

내게는 완벽히 앞뒤가 맞는 설명이었다. 날레디가 굴 바닥의 부드러운 흙에 발을 디디려면 십중팔구 큰 돌을 망치 삼아 위에 달린 유석을 부숴야 했다. 그런데 그랬다면 떨어진 조각이 사라진 이유가 설명되지 않았다. 날레디가 조각들을 동굴계 어딘가로 옮겼을까? 아니면 조각들은 퇴적층에 묻혔을까? 이 수수께끼를 어떻게 푸느냐는 날레디의 연대 측정에 엄청난 영향을 미쳤다. 24만 년 전 것인 이 유석이 날레디의 뼈를 품은 퇴적층 위로 형성되었다면 날레디가 24만 년 전보다 훨씬 앞서 디날레디에 있었다는 뜻이므로, 날레디의 연대가 우리가 이전에 발표했던 것보다 더 올라간다. 그러나 날레디가 이 유석을 부쉈다면, 유석이 형성된 **이후에** 날레디가 여기 왔다는 뜻이 된다. 이 경우라면 날레디의 연대는 우리가 생각했던 것보다 더 늦어질 것이다. 정말 흥미로운 가능성이었다. 이 종이 우리가 계산했던 것보다 훨씬 최근에 존재했을 수도 있을까? 이 가설은 앞으로 검증해야 할 과제였다. 더 탄탄한 연구를 구축해야겠다는 책임감이 느껴졌다.

오렌지색 백팩을 열어 디날레디에서 사용하고 싶은 장비 몇 가지를 꺼냈다. 먼저 온습도계를 켜 동굴 안을 측정해보니 온도는 25도, 습도는 10퍼센트였다. 이어 UV 손전등을 꺼낸 뒤 모든 동료에게 등을 꺼달라고 부탁했다. 다큐멘터리 제작팀의 카메라 화면까지도. 자외선이나 적외선으로 동굴을 보면 백색광에 가려지기 일쑤인 것들이 모습을 드러내기도 한다. 특정 광물은 물론이고 화석 뼈가 비가시광선 아래 반짝인다.

동굴 안이 칠흑같이 어두워지자 UV 손전등을 켜 동굴을 자세히 살펴보았다. 자외선이 동굴 벽에 넘실거리자, 밝게 빛나는 초록색, 노란색 점들이 나타났다. 종유석이 보랏빛 흰색으로 빛났다. 불순물인 방해석과 아라고나이트aragonite 결정에서 나오는 빛이었다.

이제 디날레디 굴로 이어지는 쌍둥이 통로를 향해 가파른 경사면으로 발걸음을 옮겼다. 앞에 놓인 길은 예상보다 좁고 작아 보였다. 지도상으로 두 통로의 길이는 각각 6미터가량이다. 두 통로가 입구를 분리하는 기둥 모양의 바위를 사이에 두고 서로 나란히 뻗어 있다. 탐사단이 처음 이 굴에 들어선 때부터 쭉, 나는 이 통로들이 이해되지 않았었다.

통로에 다가가자 통로의 전체 특성이 출입문을 떠올리게 한다는 생각이 처음으로 들었다. 고인류학자인 나는 고대 구조물의 문을 수천 개는 보았다. 물론 이 통로들은 구조물이 아닌 동굴이었다. 그런데 이 나란히 자리한 두 통로를 통과해 한 장소에서 다른 장소로 공식적으로 이동했던 것은 아닐까 하는 생각이 순간 스쳐 지나갔다.

바로 그때 그 표지가 눈에 들어왔다.

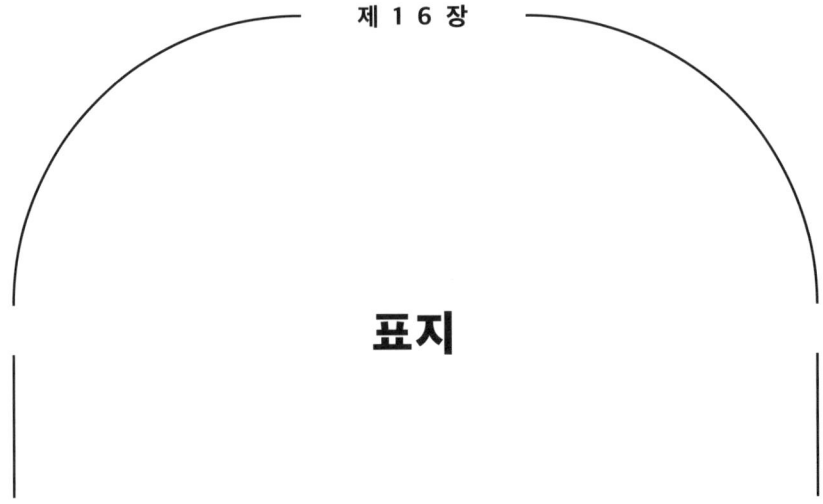

힐 곁굴과 디날레디 굴을 연결하는 이 통로들을 여러 해 동안 사진과 컴퓨터 화면으로 살펴보았을 때는 출입문처럼 보인다는 생각을 한 번도 해본 적이 없었다. 하지만 직접 이 공간을 돌아다녀 보니 출입문 같은 느낌이 난다는 것을 부인하기 어려웠다. 내가 지금껏 고인류학자로 활동하며 본 고대의 출입문 대다수에는 아득한 옛날에 문 뒤로 어떤 공간이 있었는지 알리는 정보를 공유하고자 새겨 넣은 고대의 상징이나 기호가 있었다. 오늘날 비상구, 사원, 화장실 문에 붙은 표지가 그렇듯, 고대의 기호도 우리가 들어가려는 공간의 기능을 이해하는 데 도움이 된다. 그래서 통로 입구에 문과 비슷한 특성이 있다는 생각이 들자 출입문일지도 모른다는 느낌을 억누를 수 없었다. 그리고 통로 벽에 그 표지가 있었다.

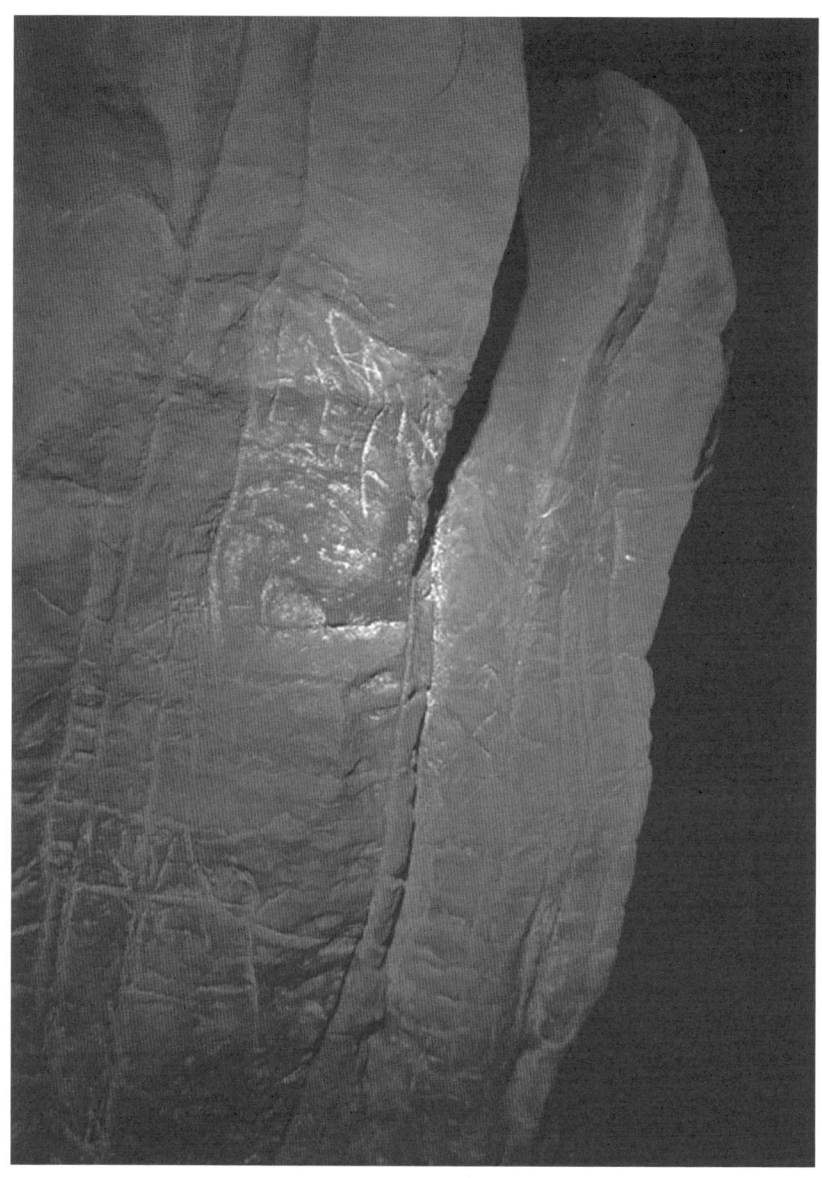

▶ 입구를 장식하는 듯한 이 표지들이 전실인 힐 곁굴과 묘실인 디날레디 굴 사이의 입구 한쪽에 새겨져 있다.

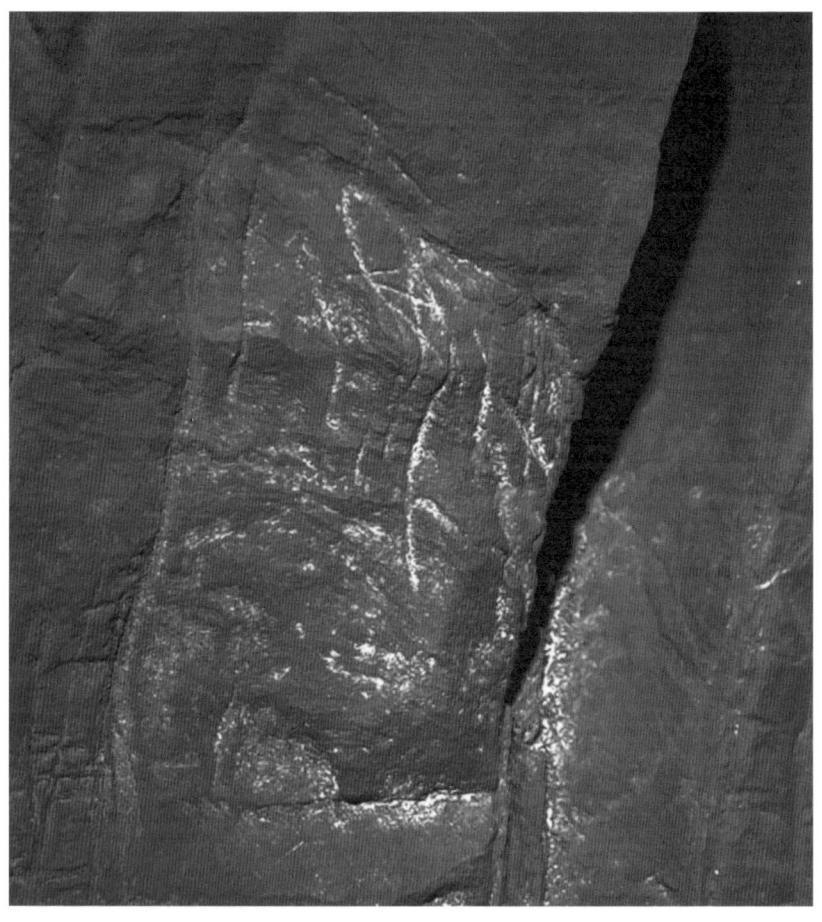

▶ 자세히 살펴보면 선, 십자형, 사다리 같은 여러 형태가 보인다. 위쪽에 있는 기하학적이지 않은 문양은 몸통에 X자가 표시된 물고기처럼 보인다.

통로에 다가가 보았다. 내 헤드램프의 선명한 백색광이 긁힌 자국과 모양, 정사각형과 삼각형, 서로 교차해 A자를 닮은 형태를 만드는 선들을 비추었다. 십자형도 있었는데 적어도 현대인의 눈에는 어떤 것은 위아래가 뒤집혀 있고 어떤 것은 똑바로 서 있었다. 평평한 암석 하단에는 정육면체도 있었다. 이 정육면체를 그린 존재 또는 존재들은 분명히 여러 번 시도한 끝에 이 모양을 새겼다. 왼쪽을 따라 사다리 비슷한 무늬가 새겨져 있고, 위쪽에는 유일하게 기하학적이지 않은, 몸통에 X자가 새겨진 물고기를 닮은 무늬가 있었다.

눈앞에 보이는 것이 믿기지 않았다. 분명히 손으로 새긴 것처럼 보이는 표지들이었다. 단단한 백운석회암에 자연 풍화로 생기는 선들과는 모양이 달랐다. 어안이 벙벙해졌다. 이 굴에 새김무늬가 있을 리 없었다. 새김무늬는 오로지 사람만이 새길 수 있기 때문이다. 그리고 내가 알기로 우리 탐사단과 이전의 몇몇 동굴 탐험가를 빼면 이곳에 들어온 사람이 없었다. 아주 단단한 백운암에 이런 무늬를 새길 시간이 있었던 사람은 더더욱 없다. 더크를 바라보았다.

"자네가 새긴 건가?"

분명히 어리석은 질문이었다. 우리 탐사단 중 누구도 동굴 벽을 이런 식으로 훼손했을 리가 없었다. 더크가 고개를 가로저으며 내 옆으로 다가왔다.

"자연 침식으로 생긴 선일 가능성은 없나요?"

백운암은 침식되는 동안 불규칙한 선이 생기기 때문에 '코끼리 피부'라고 불리기도 한다. 나는 단호히 아니라고 고개를 가로저었다. 나는 성인기 대부분을 이런 동굴계를 드나들며 보냈다. 백운암이 침식될 때 자연스러운 선이 생기지만, 내가 아는 한 이 선들과는 모양이 달랐다. 선들이 새겨진 쪽으로 더 가까이 다가가 UV 손전등을 꺼내고 헤드램프를 껐다. 그리고 무늬들에 자외선을 비춰보았다.

　자외선이 동굴 벽과 새김무늬의 대비를 더 뚜렷이 드러내리라고 생각했다. 그런데 내가 지친 상태여서인지 몰라도 이 무늬들이 암석에서 떠올라 눈앞에서 둥둥 떠다니며 불길에 타오르듯 네온의 환한 푸른빛을 내뿜는 것 같았다. 눈앞에 보이는 것의 무게가 내 어깨 위로 내려앉았다. 울컥 북받치는 감정을 주체하기 어려웠다. 이 공간에 들어오고자, 여러 해 동안 멀리서 관찰했던 종과 교류하고자 수많은 시간을 기다려왔다. 그리고 이제 극도의 피로, 아드레날린, 감정이 강력하게 결합한 덕분에 내가 물리적 세계에서 풀려나 이 종들의 시대와 공간으로 이동한 느낌이 들었다. 그때껏 내가 이런 환상에 빠지는 사람이라고는 생각해본 적이 없었다. 나는 의심이 많고, 지금도, 앞으로도 늘 그럴 것이 분명하다. 하지만 눈앞에서 둥둥 떠다니는 문양을 바라보던 그때만큼은 정말 실제 같았다는 것을 부인할 수가 없다.

　UV 손전등을 껐다. 빛나는 형상들이 내 시신경에서 서서히 사라져 갔다. 이 형상들이 눈앞에 있는 공간을 여전히 떠다니는 것 같았다. 내 들뜬 감각과 자외선의 여파로 생긴 환상이 밤중에 백미러에서 춤추는 전조등처럼 일렁였다. 그 이미지가 내 머릿속을 파고들어 나를 뒤흔들었다. 나는 떠다니는 환영을 지우려는 듯 고개를 흔들다가 다시 헤드램프를 켰다. 환한 백색광을 받은 무늬들이 다시 얕은 오목새김으로 되돌아갔다. 그 순간 다른 사람들과 함께라는 사실을 깨닫자 묘한 당혹감이 엄습했다. 주변을 둘러보았다. 철저히 나만의 경험이었다. 더크를 포함한 탐사 단원들이 나를 이상하게 보는 것은 원하지 않았다. 나는 숨을 한 번 깊이 들이쉬어 생각을 가다듬은 뒤, 바위 쪽으로 돌아가 새김무늬들을 자세히 살펴보았다. 무늬 주변이 매끈하게 문질러진 것처럼 보였다. 어떻게 자연 작용으로 이런 질감이 만들어진 것인지 짐작조차 되지 않았다.

1밀리미터 남짓 떨어진 거리에서 손가락으로 바위를 훑어보았다. 이 무늬들이 왜 여기 있을까? 호모 날레디가 암각화를 새겼을 리는 없는데……. 바로 그때 프린스턴대학교에서 페니 스파이킨스와 나눴던 대화가 떠올랐다.

"사람들이 매장에 놀랄 것 같지는 않은데, 왜 동굴 벽에 암각화가 없는지는 이상하게 여길 것 같네요."

그래, 이런 새김무늬가 있으리라고 예상했어야 했어. 누군가가 매장지 바로 위인 이 벽에 수십 개의 무늬를 새겨 넣은 거야. 그러니 그 누군가는 호모 날레디일 수밖에 없어!

내가 여기까지 이야기하면 사람들이 흔히 묻는다.

"디날레디에서 탐사 작업을 한 게 한두 해가 아닌데 어떻게 그때까지 아무도 표지를 보지 못했을까요?"

아주 좋은 질문이다. 나는 그 답이 내가 '뒷마당 증후군backyard syndrome'이라 부르는 현상으로 설명할 수 있다고 본다.

사람은 어떤 장소에 익숙해지면 그곳을 더는 자세히 관찰하지 않는다. 자기가 있는 곳에 큰 변화가 일어나지 않는 한, 이를테면 가구의 정확한 위치라든가 선반에 올려진 물건의 배열 같은 자잘한 사항을 놓치곤 한다. 이

인지적 속임수는 우리 뇌가 정보 과부하에서 자신을 보호하려고 사용하는 방법이다. 변함없는 것들에 무감각해지는 것이 특히 새로운 것, 잠재적 위험, 달갑지 않은 환경 변화를 예민하게 인식할 수 있도록 하는 데 유용하기 때문이다. 우리가 침실의 선풍기 소리에는 잠이 들어도 거리에서 울리는 자동차 경적에는 잠이 깨는 까닭도 바로 이 때문이다.

지하에서는 뒷마당 증후군이 생기기 쉽다. 잇달아 나타나는 굴들이 서로 비슷해 보이기 일쑤고, 모든 것이 같은 흙으로 덮여 있다. 발굴 현장을 다시 찾더라도, 새로운 세부 사항을 관찰하려면 주의를 집중해야 할 것이다. 디날레디의 경우 2013년 이후에 스티브와 릭 다음으로 이곳에 들어온 사람이라면, 누구든 중요한 사항이 이미 모두 발견되었으리라고 생각했을 것이다. 설사 바위에 새겨진 표지를 본 사람이 있었더라도 이미 누군가가 관찰해 기록한 특성이겠거니 여겨 간과했을 것이다. 진실은 나도 모른다. 하지만 힐 곁굴에 도착했을 때, 나는 새로운 눈으로 자세히 그리고 신중하게 관찰하겠다는 마음가짐을 가지려 했다.

새김무늬는 중대한 사건이었다. 자세히 들여다볼수록 더욱 실감 났다. 이 발견은 **어마어마하게** 중대한 사건이었다. 내가 바라보고 있는 무늬가 지금껏 발견된 매우 복잡한 특성이 있는 조각이나 새김무늬 중 가장 오래된 것일 가능성이 컸다. 이보다 더 오래되었다고 떠올릴 수 있는 무늬는 인도네시아 자바에서 발견된 강진주조개에 새겨진 몇 안 되는 단순한 무늬로, 50만 년 전 호모 에렉투스가 새긴 것으로 추정되는 기호였다. 그런데 내 앞에 있는 무늬는 단순함과는 거리가 멀었다. 다양한 기하학적 문양이 모두 서로 달랐고, 또 많았다. 나는 주변이 어두운 그곳에 가만히 서서 바위 표면 이곳저곳을 둘러보며 무늬를 하나하나 살펴보았다. 무늬는 모두 꽤 컸다. 사각형 모양은 거의 트럼프 카드 크기였고, 사다리 모양은 막대자만큼 길었고, 물고기 모양은 자동차 전면 유리에 붙이는 스티커만큼 컸다.

삼각형과 X자는 남쪽으로 1,500킬로미터 가까이 떨어진 희망봉 해안가의 블롬보스 동굴에서 발견된 자그마한 석기의 황토색 무늬를 떠올리게 했다. 연대가 약 7만 8,000년 전이고 디날레디 표지보다 크기가 훨씬 작은 이중선과 무늬는 호모 사피엔스가 만든 최초의 예술로 묘사되곤 했다. 나는 눈앞에 보이는 무늬들에 경탄하며 생각했다. 블롬보스 문양은 **인간**이 만든 가장 오래된 예술이지. 이 놀라운 새김무늬는 사람이 새기지 않은 것이 거의 확실해. 하지만 우리가 발견한 무늬는 날레디가 망자의 마지막 안식처로 사용했던 동굴 깊숙한 곳, 호모 날레디 아이의 매장지 바로 위에 있었다. 이 무늬는 분명 호모 날레디가 남긴 표지였다. 틀림없이 어떤 의미를 담은, 나중에 찾아올 다른 날레디와 소통하고자 일부러 남긴 신호였을 것이다. 그렇다면 날레디가 하려던 말은 무엇이었을까? 뇌 크기가 우리에 견주어 3분의 1인, 우리와 다른 존재인 종이 새긴 표지의 뜻을 우리는 알아낼 수 있을까?

손목에 찬 미키마우스 시계를 바라보았다. 힐 곁굴에 들어온 지 한 시간 가까이 지나 있었다. 어떻게 이럴 수 있지? 겨우 몇 분이 흐른 느낌이었다. 계속해서 탐사를 이어가야 했다.

제 1 7 장

더 많은 표지

 나는 스마트폰에 대고 이 표지와 관련한 정보를 녹음했다. 내 목소리에서 경외감이 묻어났다. 일생일대의 발견에서 가까스로 발길을 돌렸다. 이어 힐 곁굴과 디날레디를 잇는 통로로 들어서 디날레디로 이동했다. 가는 길에 몸을 숙여 바닥을 살폈더니 작은 뼛조각이 보였다. 통로에도 매장지가 있을지 모르겠다는 생각이 들었다. 그리고 벽을 훑어보며 새김무늬가 더 있는지 찾아보았다. 통로가 내 어깨보다 좁아지자 상체가 통과할 수 있게끔 몸을 틀었다. 우리 탐사단의 지질학자들이 이 근처 어딘가의 통로 측면에 구멍이 있고, 구멍을 창문 삼아 내려다보면 굴 전체 아래에 있는 빈 공간이 보인다고 했다.
 그쪽으로 다가가 헤드램프를 비춰 아래쪽 공간을 들여다보았다. 미로라는 말밖에 표현할 길이 없는 곳이었다. 헤드램프의 불빛이 바닥까지 닿지도 못했다. 오른쪽을 보니 내가 서 있는 바닥과 동일한 종류의 흙이 아래로 1미터 넘는 깊이로 층을 형성했고, 그 아래로 굴 바닥을 지탱하는 기반처럼 지형을 떠받치는 3센티미터 두께의 유석층이 있었다. 이 얇은 유석층이 내가 서 있는 통로를 지탱하는 유일한 버팀돌이라 생각하니 속이 메스꺼워졌다. 만약 이 버팀돌이 무너지면, 우리 모두 내 헤드램프의 빛이 관통하지 못했던 바로 그 어둠 속으로 떨어질 것이 분명했다.

우리가 왜 이곳을 한 번도 탐사하지 않았는지 곧 알 수 있었다. 이곳은 믿기 힘들 정도로 위험해 보였다. 하지만 동굴의 어둠은 언제나 비밀을 품고 있을지 모른다는 매력을 내뿜는다. 디날레디 아래에는 지하실 구실을 하는 커다란 굴이나 방이 있을지도 모른다. 추측해 보건대 이 넓게 퍼진 공간 때문에 탐사단의 일부 지질학자가 디날레디 굴 아래에 배수로가 있고 이곳이 뼈를 빨아들여 퍼즐 상자 같은 층을 형성했다고 생각했던 듯하다. 그들은 이 텅 빈 곳을 무언가가 사라지는 장소로 여겼을 것이다. 나는 이 공간을 내려다보며 퇴적물이 끊임없이 라이징 스타 곳곳으로 쓸려 내려가는 모습을 상상했다. 동굴에서는 무엇도 영원히 지속되지 못한다.

#

앞으로 갈수록 통로가 좁아져 막바지 구간에서는 기는 수밖에 없었다. 침실 벽 뒤로 좁고 낮은 통로가 있다고 상상해보자. 그곳으로 비집고 들어가면 집 전체를 거의 다 돌아다닐 수 있는데, 이따금 두 손을 짚고 무릎으로 기어야 한다. 디날레디로 가는 여정이 얼추 이와 비슷한 느낌이었다. 편한 길은 아니었다. 나는 통로가 언제쯤 끝나 넓은 디날레디 굴이 나오는지를 가늠하고자 전방을 주시하며 어둠이 헤드램프의 불빛을 삼키는 때를 놓치지 않으려 했다. 마침내 헤드램프의 불빛이 어둠 속으로 사라졌다. 그곳에서 잠시 멈춰 숨을 깊게 들이쉰 다음, 마지막으로 몇 발짝 거리를 기어 통로를 빠져나왔다. 이곳이 디날레디 굴이었다. 이 모든 모험의 발단인 바로 그곳.

그동안 내 머릿속에서 디날레디가 신화 같은 존재로 커졌지만, 실제 굴 규모 자체도 내가 생각했던 것보다 훨씬 컸다. 고개를 들어 천장에 헤드램프를 비춰보니 워낙 높아 불빛의 끝이 반짝이는 종유석을 간신히 스쳤다. 굴을 따라 내려가니 저 멀리 매장지의 특징이 보이기 시작했다. 볼록한 타원형 모양에 뼈가 가득한 매장 유구가 보였다. 우리 탐사단이 주변 흙을 파낸 결과, 원래는 움푹했을 매장지가 볼록한 무덤으로 바뀌어 있었다. 큰 창문만 한 구멍이 뚫린 벽이 굴 중앙을 따라 이어져 전체 공간을 말굽에 붙이는 편자 모양으로 만들었다. 내가 디날레디로 들어간 통로는 편자를 떠올렸을 때 오른쪽 굽 아래 있었다.

서둘러 매장지로 다가가 보았다. 사진과 지도는 이런 무덤을 직접 볼 때의 선명함을 절대 구현하지 못한다. 날레디가 실제 어디로 흙을 옮겼는지, 가장자리 모양이 어떻게 고르지 못한지, 흙 무더기를 어떻게 옮겼다가 다시 제자리에 두었는지 볼 수 있었다. 날레디는 분명히 시신보다 더 큰 타원형 구덩이를 파내고, 그중 일부를 교란된 토양으로 채웠다. 어느 부위인지 확실히 식별되는 뼈들을 살펴보며, 시신이 무덤 속에서 썩어 들어갈 때 골격이 어떻게 무너졌을지도 상상해보았다. 가슴 부위가 주저앉으면 머리가 어깨로 떨어질 것이다. 어깨와 팔꿈치 사이의 위팔뼈는 제자리에 있을 테니, 뼈의 한쪽 끝이 머리뼈 위로 튀어나왔다가 시간과 흙의 무게에 눌리고 날레디의 발에 밟혀 부서질 것이다. 연약한 갈비뼈가 있는 흉곽은 아코디언처럼 구겨질 테고, 무릎이 가슴 중앙에 올 것이다. 이 모든 뼈가 20만 년 넘는 시간을 견디고 지금까지 남아 있다니 기적이었다.

이 유구가 매장지라는 것을 점점 더 부인하기 어려워졌다. 그래도 힐 곁굴에서 디날레디로 뼈가 흘러들었다는 오랜 이론을 존중해 철저히 조사해보고 싶었다. 레이저 수평기를 꺼내 힐 곁굴 쪽과 디날레디 뒷벽 쪽, 양쪽으로 수평을 측정해보았다. 결과는 놀라웠다. 수평기에 따르면 굴 바닥이 **입구를 향해 아래로 기우는** 11도 경사면이었다. 매장지는 높은 쪽 지면에 있었다. 이는 우리 지도와 크게 어긋났다. 이때까지 우리는 지도에 굴 바닥이 사실상 평평하거나, 심지어 내가 막 빠져나온 통로에서 멀어질수록 살짝 아래로 기운다고 표시해왔다. 하지만 디날레디의 경사면은 그 방향이 아니었다. 반대로 **통로를 향해** 기울어 있었다.

뼈들이 굴로 흘러 들어왔다는 가설에 어긋나는 증거가 쌓이고 있었다. 슈트는 수직 낙하 통로가 아니었고, 뼈들은 힐 곁굴로 굴러떨어졌다가 다시 디날레디 굴로 굴러떨어질 수 없었다. 이뿐만이 아니었다. 힐에서 디날레디로 가는 통로가 확실한 병목 역할을 해 뼈나 퇴적물이 흘러들지 못하게 막았다. 이 유골들은 정확히 디날레디 동굴군 바깥에서 이곳으로 쓸려온 것이 아니었다.

세 시간이 마치 30분인 것처럼 훌쩍 지나갔다. 디날레디 굴 중앙으로 돌아가는 길에 주변을 둘러보았다. 이제 곧 밖으로 나가야 했다. 굴 한가운데, 무덤 옆에 앉아 마지막으로 이 공간을 바라보며, 나는 그 순간을 느끼고 작은 것 하나까지 모두 마음에 담았다. 더크, 마타벨라 그리고 워런이 나를 데리러 왔을 때 고개를 들어 천장을 바라보았다. 바로 그때 무언가가 눈에 들어왔다. 천장을 가리키며 단원들에게 물었다.

"이봐, 저 어두운 부분 보여? 저 검은 점들도?"

가장 밝은 손전등을 꺼내 천장을 비춰보았다. 확실히 어린 새하얀 종유석이 오래된 종유석 위로 자라나 있었다. 그런데 오래된 종유석은 잿빛으로 물들어 있고 시꺼먼 점들도 박혀 있었다. 이렇게 깊은 동굴 속에서는 석회암층이 회색이나 검은색이 아닌 순백색이어야 한다. 무언가가 석회암에 얼룩을 만들었고, 그 순간 내가 떠올릴 수 있는 가장 유력한 원인은 불이었다.

"그을음과 연기 때문에 때를 탄 것 같은데."

나는 불의 부산물 말고 다른 무엇도 이런 먹빛과 잿빛 얼룩을 만드는 것을 본 적이 없었다. 이런 동굴에서 흔히 발견되는 금속 광물인 망간이 어두운 빛을 띠고 광물화로 사물 표면이 까맣게 변색되지만 내 경험상 이런 색을 띠지는 않았다. 이것은 일반적인 변색에 가까웠다. 전체적으로 회색이 된, 아주 간단히 말해 연기에 그을려 생긴 얼룩처럼 보였다.

그때까지 우리가 답을 찾지 못한 아주 중요한 물음 하나는 가장 근본적인 물음이기도 했다. 어떻게 날레디가 칠흑같이 어두운 이 공간들을 헤쳐

들어왔을까? 하지만 내가 보고 있는 것이 내가 생각하는 그것이라면, 답은 늘 우리 머리 바로 위에 있었다. 날레디가 불을 들고 이 공간에 왔고, 그 불에서 나온 연기와 재가 석회암에 얼룩을 만든 것이다.

#

그 뒤로 30분 동안 나는 스마트폰으로 녹음을 계속하고 다른 사람들에게 얼룩을 기록하라고 지시했다. 마침내 디날레디 밖으로 나가야 할 시간이 왔다. 디날레디로 들어올 때 통과했던, 그리고 이제는 귀환을 위해 나를 힐 곁굴로 이끌 바로 그 통로로 다가갔다. 그런데 불쑥 든 생각에 이끌려 지면에서 1미터 남짓 높이, 그러니까 내가 생각한 호모 날레디의 키에 가깝게 몸을 웅크렸다. 내가 날레디고, 한 시간 전만 해도 꽉 끼어 불편하다고 느꼈던 이 공간을 쉽게 통과한다고 상상해보았다. 날레디 높이에서 통로를 따라 천천히 이동하며 벽에 헤드램프를 비췄다. 날레디가 이 높이에서 횃불을 들고 다닐 수 있었을까? 작은 휴대용 불꽃으로 길을 밝혔을까? 그러다 그 자리에 그대로 얼어붙었다. 눈을 빠르게 깜빡여 보았다. 눈을 잠시 꾹 감았다가 다시 떠보기까지 했다. 하지만 내가 본 것은 환각이 아니었다. 상상도 아니었다.

그곳에, 통로의 오른쪽 벽을 이루는 바위에, 처음 새김무늬를 발견한 바위 뒤편에 오늘날의 해시태그를 떠올리게 하는 커다란 그물눈 무늬가 새겨져 있고, 옆으로 십자형 두 개, 다시 그 옆에 등호 표시 하나가 있었다. 숨도 못 쉴 만큼 놀란 나는 간신히 정신을 차리고 소리쳤다.

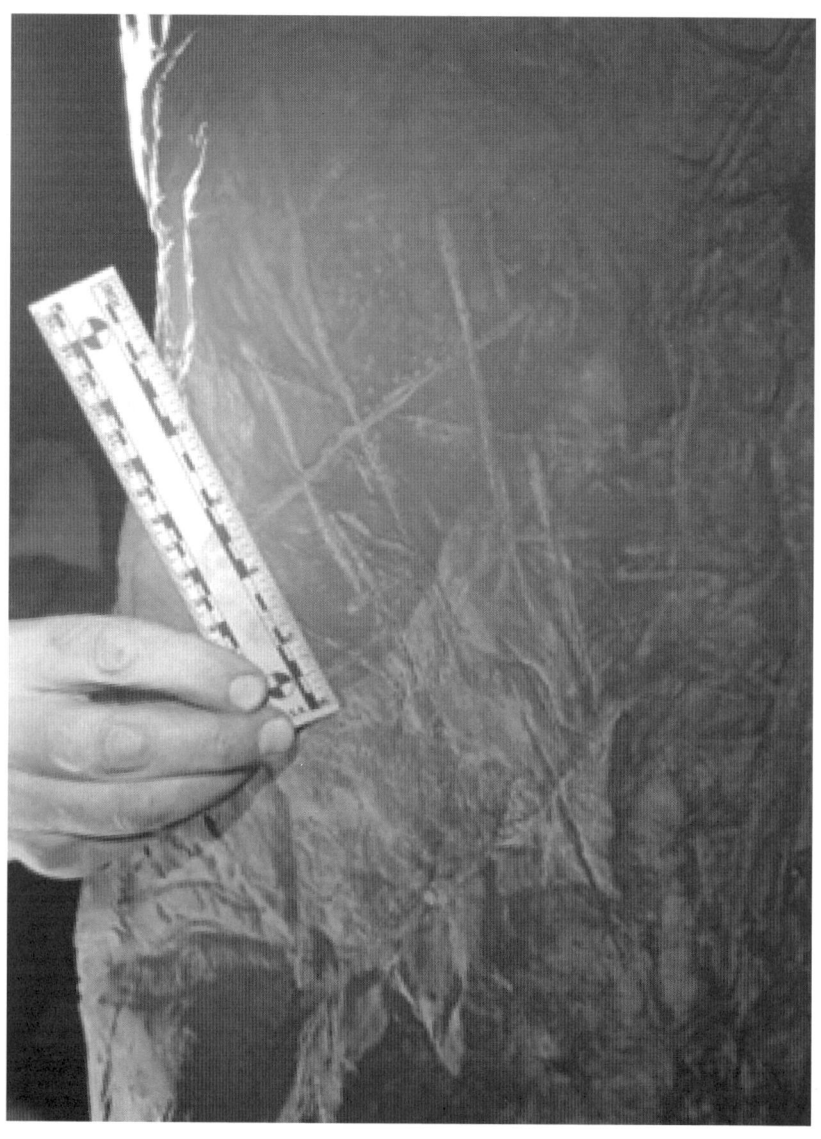

▶ 처음 새김무늬를 발견한 돌기둥 뒷면에서 동굴 벽에 일부러 새긴 것이 확실한 또 다른 새김무늬를 발견했다.

"여기 또 있어!"

거듭 홈을 파 새긴 여러 줄무늬가 전체 무늬의 선 하나하나를 형성하는 것이 뚜렷이 눈에 들어왔다. 누가 새긴 것이든 단시간에 만들어진 무늬는 아니었다. 암석의 단단함을 1(활석처럼 부드러움)에서 10(다이아몬드처럼 단단함)까지 척도로 표시하는 모스 굳기계에 따르면, 백운석은 굳기가 방해석과 인회석의 중간인 4에 해당하고, 백운암에 섞인 처트 부분은 7에 가깝게 올라간다. 그런 암석을 2~3밀리미터 깊이로 파내려면 만만찮은 노력이 필요하기 마련이다. 게다가 적어도 암석만큼 단단하거나, 되도록 더 단단한 도구가 있어야 한다.

바위 표면에 더 가까이 다가가 돋보기안경을 쓰고 들여다보았다. 무늬가 자연의 손길로 만들어지지 않았다는 것을 확인하고 싶었다. 그물눈 무늬의 크기가 앞서 보았던 무늬와 달라 보였다. 이번 무늬가 더 컸다. 헤드램프를 비춰 선들을 살펴보니, 무늬 아래쪽에 홈을 판 자국 몇 개가 스트로마톨라이트 화석 표면의 물결무늬를 가로질러 새겨져 있었다.

스트로마톨라이트는 본디 생물 구조에서 비롯한 지질 퇴적물로, 복잡한 생물체가 진화하지 않았던 35억 년 전 고대 바다에 살던 미생물에서 형성되었다. 단순한 단세포 유기체인 미생물이 무기질을 켜켜이 붙잡아 층을 쌓으며 굳어지면 스트로마톨라이트 같은 미생물 매트microbial mat가 된다. 이 벽에는 스트로마톨라이트가 감자칩의 면처럼 물결 모양을 이루는 커다란 단면이 있고, 이 단면을 그물눈 무늬를 구성하는 여러 선이 일직선으로 가로지른다. 그물눈의 세로선 한쪽은 매끄러운 백운석에서 직선으로 시작하는데, 스트로마톨라이트를 만나는 곳에서 옆으로 삐져 나가 여러 개의 빗금이 된다. 무늬를 새긴 이가 스트로마톨라이트층에 이르러 울퉁불퉁한 표면에 직선을 새기려고 애썼을 모습이 떠올랐다. 내가 보기에 이 빗금은 자연의 섭리가 아닌 누군가가 새겼음을 알려주는 가장 확실한 지표였다.

　다른 세부 사항도 눈에 들어왔다. 누군가가 바위 표면을 돌망치로 치기라도 한 듯 움푹 들어간 곳이 몇 군데 보였다. 표면을 갈아냈거나, 굴 바닥의 흙과 같은 색인 모래 혹은 흙으로 메운 것처럼 보였다. 그래서 새김무늬 주변이 매끄럽게 다듬어졌을뿐만 아니라 표면의 파인 자국까지 채워졌을 것이다. 돌기둥의 이 부분, 대략 50×50센티미터인 영역은 캔버스나 마찬가지였다. 돌로 새긴 더 오래된 자국이 흙으로 메워졌거나 세월에 쓸려나갔다는 것이 순식간에 확실해졌다. 새김무늬 아래로 희미한 선들이 보였는데, 훨씬 최근에 새겨진 밝은 선들과는 다른 방향으로 그어져 있었고, 파인 자국 일부가 흙으로 채워진 것처럼 보이기까지 했다. 내 눈을 사로잡았던 그물눈무늬는 더는 보이지 않는 많은 새김무늬 중 가장 최근에 새겨진 것으로 보였다. 이 바위라는 캔버스에 새겨진 무늬는 단 한 번이 아니라 오랜 세월에 걸쳐 새겨진 것이었다.

　샤프 기호(#)와 비슷해 보이는 그물눈 무늬를 자세히 살펴보니 다른 모양들이 뚜렷이 보였다. 적어도 두 개, 아마 세 개쯤일 십자형이 더 많은 선과 얽혀 있었다. 그 선들은 내가 처음에 보았던 새김무늬의 선들과 비슷했다. 십자형 오른쪽에는 두 개의 평행선으로 구성된 등호처럼 보이는 무늬도 있었다. 그물눈 무늬, 십자 무늬, 등호는 모두 매우 인간적인 무늬로, 특정 상황에서 의미를 전달하고자 만들어졌다. 이런 표시를 오늘날의 의미로 해석하고 싶은 마음이 들기 쉽지만, 정말로 날레디가 이런 모양을 새겼다면 무

▶ 동굴 벽에 그려진 인위적 선들의 배치를 보여주는 도해다. 세부 모양으로 보건대 같은 시기에 한꺼번에 새겨진 선들이 아니다.

▲ 오늘날의 해시태그를 떠올리게 하는 이 선들은 가장 최근에 동굴 벽에 새겨진 것으로 보인다.

늬를 새긴 날레디에게는 다른 뜻이 있었을 것이다. 이 기호들이 무엇을 의미했든, 어디에서 비롯했듯, 한 존재가 만들었든 여러 존재가 협력해 만들었든, 무늬를 새긴 존재 또는 존재들을 바위 캔버스에서 작업하는 예술가로 생각하지 않을 수 없었다.

#

그 뒤로 몇 분 동안 마타벨라와 함께 영상을 찍었다. 새김무늬를 가리키며 설명하면서, 나는 그 순간 내가 느낀 감상을 담아보려 했다. 그리고 스마트폰으로 사진 몇 장도 찍었다. 그 바람에 동굴에 있는 동안 사진을 찍지 않겠다는 다짐을 깼지만, 밖에서 기다리는 동료들에게 보여줄 사진이 필요했다. 마침내 힐 곁굴로 나온 나는 반대편에서 돌기둥을 다시 살펴보며 처음 본 새김무늬와 새로 발견한 새김무늬를 비교해보았다. 내 시선이 삼각형, 사각형, 사다리 모양 구조, 십자형, X자를 지나 바위 판의 높은 곳에 새겨진 물고기 모양 무늬로 올라갔다. 물고기 무늬는 정말 두드러져 보였다. 이 통로에서 새김무늬를 보니, 처음 발견한 새김무늬가 의도적이었다는 것이 더 확실해졌다. 바위 표면의 한 부분, 물고기 무늬가 있는 곳은 붉은색 또는 노란색 물질로 메워진 듯 보이기까지 했다. 다른 곳은 아마도 유석일 하얀 물질이 선 안에 새겨진 것 같았다. 또 다른 부위는 유기물이나 다른 반짝이는 물질을 표면에 펴 발랐거나, 신자들이 지나갈 때마다 문질러 갈수록 매끈해지는 조각상의 코처럼 수없이 많은 손길이 닿아 매끄러워진 듯 반질반질해 보였다.

나도 모르게 고개를 저었다. 이 여정은 내 인생에서 손에 꼽게 중요한,

말 그대로 인생을 바꿔놓은 경험이었다. 내 눈앞에 떠다니던 무늬를 마음에서 지울 수가 없었다. 불꽃놀이나 해를 빤히 바라본 직후 눈을 감으면 이미지가 잔상처럼 남는 것과 같았다. 단언컨대 이 사건들이 앞으로 몇 달 동안 내게 영향을 끼칠 것이고, 의심할 바 없이 나는 디날레디에서의 경험을 남은 평생에 걸쳐 거듭 곱씹으며 이해해야 할 것이다.

힐 곁굴을 둘러보았다. 날레디가 방금 떠난 느낌이었다. 날레디는 이 공간을 바꿔놓았고, 마지막 날레디가 떠난 뒤로 모든 것이 그때 그대로 남아 있었다. 마치 수십 년 동안 버려졌던 다락방을 발견해 문을 연 느낌이었다. 낡은 신문지가 펼쳐져 있고 좀이 쓴 옷이 걸려 있는 가운데, 수북이 쌓인 먼지만이 지나간 시간을 드러내는 것 같았다.

하지만 이제는 정말 위로 올라갈 시간이었다.

나는 슈트 출구 옆에 앉아 사다리와 그 위로 뻗은 길고 가는 틈을 올려다보았다. 굴 밖으로 나가려면 이곳을 모두 지나야 한다. 두려움에 속이 울렁거렸다. 이 등반이 얼마나 힘든지 이미 너무 잘 알았다. 내 머리에서 3미터 남짓 위에 있는 바위의 좁디좁은 틈을 바라보니, 체중과 팔 힘으로 나를 밀어 넣었을 때 그 통로가 가슴을 얼마나 꽉 눌러 압박했는지 떠올랐다. 이제 위로 올라가야 하니 안간힘을 다해 나를 중력 반대 방향으로 끌어 올려야 했다. 어떻게든 긍정적인 생각만 해보려 했다.

"그래, 해보자."

제 1 8 장

고난의 탈출

30분 뒤, '내가 과연 이곳을 살아서 나갈 수 있을까'라는 생각이 들었다. 나는 많은 탐사와 잠수 과정에서 생사의 갈림길을 마주했다. 사자와 코끼리에게 공격도 받았고 높은 절벽에서 미끄러지기도 했다. 지하 좁은 공간에 상당히 긴 시간 동안 갇혀 있기도 했다.

하지만 이 스퀴즈는 내 평생 마주한 최악의 상황이었다. 나는 살아서 나가고 싶었다. 가족과 친구를 다시 보고 싶기도 했지만, 앞으로 여러 해 동안 우리 연구의 방향을 바꿔놓을 여러 발견을 직접 관찰한 내용과 정보가 내 손에 있기 때문이기도 했다. 기호, 불을 사용한 증거, 날레디가 공간을 바꾸었다고 암시하는 세세한 지질 특성. 이런 내용을 구술해 녹음했지만 음성이나 마타벨라가 찍은 영상으로는 전달하지 못하는 중요한 세부 요소들이 있었다. 살아 나가서 동료들과 새로운 발견을 나누고, 의미와 가치를 논하고, 우리 작업에 어떻게 통합시킬지 깊이 들여다봐야 했다.

슈트를 내려가는 과정이 혹독하기는 했어도, 올라가는 길에 비하면 쉬웠다. 아침에 출발할 때만 해도 나는 아드레날린이 넘쳐 쌩쌩하고 의욕에 차 있었다. 하지만 반대로 올라가는 것은 완전히 다른 문제였다. 위로 오르기 시작한 순간부터 알 수 있었다. 처음 다다른 틈새는 힐 곁굴로 내려가려고 가슴을 집어넣어야 했던 곳이다. 이제는 내 앞에 다른 문제가 놓여 있었다. 한쪽 팔은 위로 뻗고 다른 쪽 팔은 벽을 꼭 붙잡은 채 접근해야 했다. 이 자세로는 가슴보다 머리, 팔, 어깨가 먼저 틈을 통과해야 했다. 처음에는 두 발로 몸을 밀어 올리고 다리 근육의 힘으로 통과하면 되겠거니 예상했지만, 디딤돌 구실을 했던 자그마한 돌출된 암석이 활용 가능한 위치에 있지 않았다. 그러니 오직 한쪽 팔로 나를 끌어 올려야 했다. 10분 가까이 발버둥 친 뒤에야 마침내 두 팔을 틈새에 밀어 넣고 가슴뼈를 바위 턱 위로 밀어낼 수 있었다. 전체 여정이 이와 같을 것으로 예상되었다. 머리는 꽉 끼고 한쪽 팔만 쓸 수 있기 일쑤인데, 가슴이나 골반은 다른 방향으로 뒤틀려 있을 것이다. 두 다리는 허공에 매달려 있거나 미끄러운 벽에서 디딜 곳을 찾지 못해 아무런 쓸모가 없을 것이다. 예상보다 더 험난할 여정이 이어질 예정이었다.

올라가는 첫 구간에서 더크에게 또 다른 암석의 날카로운 모서리를 부숴달라고 부탁할 수밖에 없었다. 곧장 가슴 쪽으로 뻗은 모서리가 살갗을 찢을까 걱정스러웠다. 그가 위로 올라와 암석을 몇 센티미터쯤 떼어냈다.

다시 20분이 지났다. 12미터 거리인 여정 중 절반을 지났다. 그러니까 내 키의 세 배 쯤을 겨우 올라온 것이다. 오직 팔 힘에만 의존해야 해서 1센티미터를 오르는 것조차 엄청난 분투였다. 지칠 대로 지쳤는데 설상가상으로 꼼짝달싹할 수 없게 갇히기까지 했다. 그저 바위 사이에 눌린 것이 아니었다. 내 몸이 다음 좁은 공간을 통과하지 못할 난항에 갇힌 채 허공에 매달려 있었다.

지친 마음으로 꼼꼼히 선택지를 고민하는 사이, 내셔널지오그래픽의 탐험가 페스티벌에서 나눈 대화가 떠올랐다. 이 연례행사에는 나 같은 화석 사냥꾼뿐만 아니라 심해 잠수가, 암벽 등반가, 동굴 탐험가, 우주인, 심해 탐사가, 고산 등반가 같은 온갖 모험가가 모인다. 내 생각에는 등반가야말로 지구에서 가장 극한의 탐험가다. 이들은 자신을 다그쳐 인간 대다수의 신체 능력과 정신력을 뛰어넘는다. 다양한 방식으로 목숨을 위협할 환경에 거침없이 덤비고, 고산 지대의 산소 부족, 추위, 눈사태, 극도의 피로에 맞서고, 살아남고자 어떻게든 자신의 한계를 극복한다. 탐험가 페스티벌 같은 곳에서 이들의 이야기를 들을 기회가 있을 때마다 나는 수다쟁이 기질을 최대한 억누르고 그들에게 귀 기울인다.

그날 밤 탐험가 한 무리가 술집에 모였고, 등반가들이 모든 극한 상황, 이를테면 산비탈에서 산사태, 크레바스, 추락을 보거나 겪은 이야기로 귀를 즐겁게 했다. 안데스 고산 지대에서 미라를 연구했던 유명한 과학자이자 등반가인 요한 라인하드Johan Reinhard가 고산 등반에서 '에베레스트 셔플everest shuffle'로 살아남은 이야기를 들려주었다. 요한에 따르면 어느 등산가든 한 번쯤은 귀환이 어려운 지경에 이르거나 체력 고갈로 완전히 기진맥진하는 때가 있다고 한다. 그러다 자기 발을 빤히 바라보며 단순한 사실 하나를 깨닫는다. 반 발짝이라도 움직이기 위해 발을 앞으로 내밀지 않으면 이 산에서 죽고 만다. 이것이 에베레스트 셔플이다. 한 걸음, 다음 걸음, 또 다음 걸음. 에베레스트 셔플은 육체의 한계를 넘어서는 걸음이자 완전히 정신력에 의지하는 전진이다.

그의 이야기는 깊은 인상을 남겼다. 나는 그런 위기에 몰린 적은 없었다. 지치다 못해 기진맥진한 적은 있었지만, 말 그대로 움직이지 않으면 죽을 지경에 빠진 적은 없었다. 솔직히 그런 일이 가능한가 싶었다.

하지만 슈트 중간에 매달리고 보니 (가장 좁은 구간은 아직 지나지도 않았다) 에베레스트 셔플이 이해가 갔다. 내 몸을 겨우 6미터를 이동시키기 위해 온 힘을 쏟아부었지만, 앞으로 지나야 할 길에 비하면 지나온 길은 아무것도 아니었다. 게다가 나는 꼼짝없이 갇힌 신세였다. 버거석에서 그랬듯이 다리가 너무 긴 탓에 나를 위로 밀어 올리려면 지지해야 하는 곳에 발을 디디지 못했다.

10분 가까이 내 허벅지와 나를 괴롭힌 못된 부위를 가만히 내려다보았다. 발 디딜 곳을 확보할 유일한 길은 다리를 90도로 들어 올리는 것이었는데, 시도는 했지만 안타깝게도 무릎이 내가 몸을 움직이지 못하게 가로막던 툭 튀어나온 바위 턱을 통과하지 못하면서 결국 다리가 바위 사이에 껴버렸다. 나는 오도 가도 못하는 신세였다.

자유로운 팔 하나로 몸을 끌어 올리는 방법도 생각해보았지만, 뒤틀린 자세에서는 손이 지렛대로 이용할 만한 것을 찾기 어려웠다. 아무 팔도 아래로 내릴 수 없으니, 슈트 벽을 손으로 밀쳐 몸을 틈새 사이로 밀어 올리기도 어려웠다. 그럴 기운이 남아 있는지조차 확신이 서지 않았다. 최선의 방책은 이미 가슴이 통과한 좁은 틈새로 허벅지와 무릎을 통과시킨 다음, 무릎을 단단한 바위 턱 위로 들어 올리는 것이었다. 무릎을 이 위에 올리기만 하면 허벅지로 몸을 밀어 올릴 수 있었다. 물론 그다음은 슈트 최악의 스퀴즈를 지나야 했지만 그곳에서는 적어도 움직일 수는 있을 테니까.

나는 숨을 헐떡이며 그 자리에 매달려 있었다. 허벅지 끝을 바라보는데, 습한 공기 사이로 입김이 피어올랐다. 틈새를 지나기에는 내 다리 길이가 2.5센티미터 정도 길었다. 엉덩이를 아무리 당기고 밀고 뒤틀어도 다리 길이를 줄일 길이 없었다. 예닐곱 번 시도했지만 몸을 제아무리 이리저리 틀고 움직여도 허벅지가 틈새를 통과하게 할 방법이 없었다. 나는 머릿속으로 암석을, 이어 내 다리를 떠올리며 이 지점을 가만히 응시했다. 이제 나는 정말로 기진맥진한 상태였다. 에베레스트 셔플 단계에 다다랐다.

주위를 둘러보고 뾰족한 석순 봉우리 주변을 살펴보니 위쪽에 줄줄이 이어진 수평 균열 사이로 희미한 빛이 비쳤다. 아마 마로펭이나 워런의 헤드램프 불빛이었을 것이다. 호모 날레디가 사방에서 이런 통로들을 지나 아래쪽 힐 곁굴로 내려가는 모습이 떠올랐다. 날레디는 눈 깜짝할 새 이곳을 지났을 것이다. 나보다 작은 키, 날씬한 체구에 힘은 더 세고 머리는 작았다. 날레디가 이 공간을 쉽게 빠져나가는 모습이 그려졌다. 이 친구야, 지금 날레디의 체구를 부러워하는 거야?

나는 곤경에 빠졌고, 스스로 결정해야 했다. 이 지점까지 오느라 기력을 모두 소진한 상태였다. 그 순간, 만약 1센티미터라도 물러선다면 절대 디날레디 밖으로 나가지 못하리라는 끔찍한 예감이 들었다. 그런 절망에 맞서기란 쉽지 않다. 정말로 빠져나갈 길이 없다는 기분이 들었다.

무릎을 빤히 바라보다 무모한 방법을 시도해보기로 했다. 이곳에서 나갈 길이자 지칠 대로 지쳐 혼란에 빠진 내 정신이 떠올릴 수 있는 유일한 방법은 바위 턱을 이용해 내 무릎뼈를 탈구시켜 무릎을 틈새로 밀어 넣은 다음, 다시 무릎뼈를 제자리에 돌려놓는 것이었다. 그러다 무릎이 망가진다면 뭐, 틈새를 지난 다음에 해결하면 되겠지. 적어도 출구에는 더 가까워질 거 잖아.

숨을 깊이 들이쉬어 마음을 가라앉혔다. 예전에 비슷한 상황에 처했던 사람들이 고난에서 벗어나고자 신체 일부를 잘랐다는 이야기를 읽으면서 어떤 생각을 해야 그런 행동을 할 수 있을까 상상해보곤 했다. 그런데 이제 내가 그런 상황을 맞이할 판이었다. 결정을 되돌릴 수는 없었다. 이따금 퇴적물이나 바위 아래에 무엇이 있을지 상상했는데, 이제는 바위 턱 아래 끼인 무릎을 바라보며 살갗 아래 있을 해부학적 구조를 그려보았다. 거북이 등껍질 같은 내 무릎뼈가 넙다리뼈 아래쪽과 정강뼈 위쪽 사이를 떠다녔다. 인대들이 무릎뼈를 다른 뼈들과 연결해 아랫다리를 펴기 쉽게 한다. 하지만 무릎뼈는 움직이는 뼈라 상대적으로 쉽게 탈구할 수 있다. 운동선수에게는 무릎뼈 탈구가 일상다반사고, 무릎뼈를 제자리에 넣는 것도 실제로 상당히 쉽다. 나는 제정신이 아닌 사람처럼 이 생각을 스스로 합리화하고 있었다. 되돌아보면 논리적이지 않은 판단이었지만 이런 상황에 빠지면 자기도 모르게 희한한 결정을 내리게 된다.

오른발을 디딜 곳을 찾은 뒤 벽에 몸을 기댔다. 그런 다음 눈을 질끈 감고 오른쪽 엉덩이에 체중을 실은 뒤, 온 힘을 다해 다리를 위쪽으로 빠르게 들어 올려 무릎을 암석에 박았다. 통증이 다리를 타고 내려갔다. 신음이 절로 났다. 눈을 떴는데 무릎뼈가 아무 일 없다는 듯 제자리에 그대로 있었다.

▶ 디날레디 굴 깊은 곳에서 놀라운 발견을 한 리 버거가 고군분투하며 슈트를 올라온 끝에 마지막으로 슈트 출구를 빠져나오고자 손을 뻗고 있다. 그는 이때를 가리켜 인생 최대의 난관이라 일컬었다.

이 방법은 효과가 없었다.

기진맥진한 나는 다시 불편한 자세로 돌아갔다. 내 다리는 말 그대로 길이가 2.5센티미터 길었고, 그 사실을 바꿀 길은 없었다. 가장 무모한 방법 조차 실패했다. 가족이 떠올랐다. 내가 얻은 모든 정보가, 힐과 디날레디에서 발견한 것들이 떠올랐다. 어떻게 해야 여기에서 빠져나갈 수 있을까? 몸을 좁은 바위틈에 밀어 넣고 절박하게 조금씩 움직여 위로 밀어 올려보려 했다. '겨우 2센티미터 남짓일 뿐이야.' 계속 되뇌었다. 몸을 홱 틀고 비틀었다. 그렇게 또 몇 분이 지났고 진이 다 빠져버렸다. 큰 소리로 기운을 북돋웠다.

"힘내, 리! 해보자고!"

나중에 전해 들은 바로는 내 끙끙대는 소리가 동굴을 타고 메아리쳐 수십 미터 떨어진 드래건스백 굴에 있던 존과 케네일루에게도 들렸다고 한다. 당시 나는 넋이 나가 있었다.

그다음에 일어난 일은 지금도 분명하지 않은 구석이 있다. 도움 받을 만한 곳을 찾아 용을 쓰고 몸부림을 치다 몇 분 뒤 자세를 다잡으려고 아래를 보니 무릎 끝이 바위 턱을 지나 0.5센티미터쯤 위에 있었다는 것만 기억난다. 나는 영문도 모른 채, 알려고도 하지 않은 채, 이 기적을 멍하니 바라만 보았다. 마침내 자유롭게 몸을 움직일 수 있었다. 드디어 디딜 곳이 생겼다. 위쪽에 있는 좁은 틈새로 머리와 팔을 밀어 넣었다.

솔직히 나머지 여정은 정지된 장면 몇몇을 빼면 잘 기억나지 않는다. 슈트 안으로 몸을 숙이고 있던 마로펭과 워런, 좁은 틈새를 통과한 뒤 해방된 몸, 밧줄을 잡아당기던 일, 마지막 3미터 구간이었던 관 모양의 공간, 카메라, 마로펭의 얼굴 그리고 슈트 밖이었다.

나는 드래건스백을 향해 내려가는 길로 이어지는 터널에 숨을 헐떡이며 드러누웠다. 그러다 몸을 돌려 슈트 아래를 내려다보았다. 복잡하게 얽힌 갈라진 틈, 간극, 작은 틈새가 거의 바닥까지 이어졌다. 그때 나는 내 한계까지, 어쩌면 한계 너머로 나를 밀어붙였다. 두 번 다시 그 경로를 지나 디날레디 굴로 들어가는 일은 없을 것이다. 내 몸에서 내가 분리된 듯한 이상한 기분이 들었다. 그리고 쉬는 동안 다시 정신을 차렸다.

몸을 일으킨 나는 슈트 입구에서 벗어나 앞으로 걸어나갔다. 무릎이 휘청이고 다리가 후들거렸다. 희열이 느껴졌다. 그리고 내 평생 그 어떤 때보다 지쳐 있었다. 널빤지 다리에 다다랐을 때는 (내 안전의식에 감사할 따름이다) 머릿속이 온통 지난 몇 시간 동안 마주한 경험과 발견으로 가득했다. 휘청이는 내 몸에 등반용 안전대를 걸치고 철제 안전줄에 고리를 건 다음 앞으로 나아갔다. 아래쪽으로 디날레디 굴의 작업등이 보였다. 나는 디날레디로 들어갔고, 더 중요하게는 그곳에서 무사히 빠져나왔다. 이제 이 놀랍고 새로운 정보를 다른 사람들과 공유할 수 있게 되었다.

제 4 부

의미

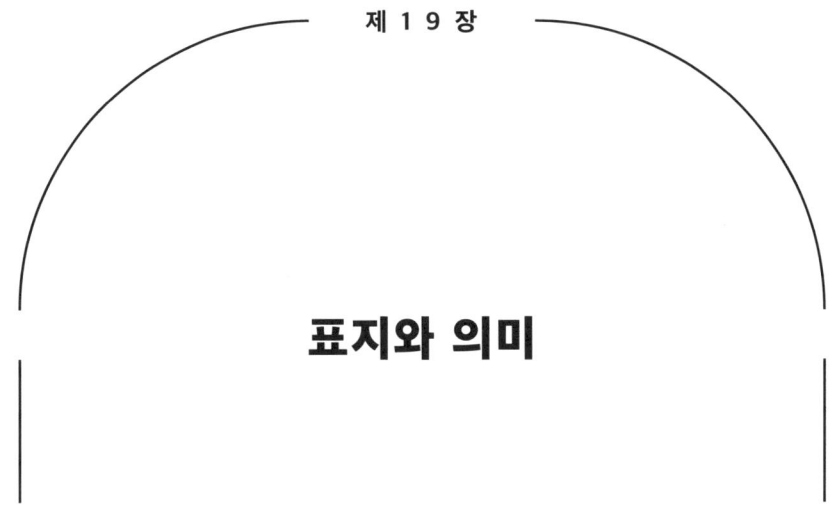

표지와 의미

라이징 스타 출입구 위쪽의 싱크홀을 내려다보는 올리브나무 아래 서서 아내 재키에서 전화를 걸었다. 아내는 거의 공포에 질려 있었다. 하필 동굴의 인터넷 연결이 끊어져 누구도 재키에게 연락할 수 없는 상황이었다. 내가 처음 아내에게 전화한 뒤로 네 시간 넘도록 디날레디에 있었던 데다, 슈트를 올라오기까지 한 시간, 드래건스백을 지나기까지 또 한 시간이 걸렸다. 그러니 재키는 일곱 시간 가까이 내 소식을 듣지 못했던 것이다. 이런!

이제 무사하다고 재키를 안심시킨 나는 여정 중 마주한 여러 난관, 발견, 앞으로 해야 할 일들을 정신없이 쏟아놓고 더 자세한 내용은 다시 전화해 알려주겠다고 약속했다. 분명히 횡설수설하게 들렸을 텐데도 아내는 너그럽게 들어주었다. 재키는 곁에서 날레디 연구를 쭉 지켜봐 왔다. 이 여정

▶ 디날레디의 그물눈 무늬(위)가 지브롤터 고램 동굴 바닥에서 발견된 그물눈 무늬(아래)와 놀랍도록 비슷하다. 고램 무늬는 길어야 10만 년 전 네안데르탈인이 새긴 것으로 밝혀졌다.

▶ 디날레디 새김무늬(위)와 고램 새김무늬를 모사해보면 두 무늬가 아주 놀랍도록 비슷한 것을 알 수 있다.

이 내게 얼마나 중요한지 누구보다 잘 알았다.

    전화를 끊은 나는 올리브나무에 기댄 채, 동굴 입구에서 서로 이야기를 나누는 사람들을 바라보았다. 다들 여느 날처럼 하루 작업량을 끝낸 모습이었다. 하지만 내게는 우여곡절 끝에 근본적인 변화가 일어난 것 같았다. 표지, 환상, 슈트 오르기, 날레디가 공간을 바꾸었다는 발상, 불을 사용한 증거. 나는 그날 아침과는 다른 사람이 되어 있었다. 그 차이가 정확히 무엇인지는 몰라도 날레디가 묻힌 공간을 다녀온 여정이 나를 엄청나게 바꿔 놓았다. 짐을 꾸리는 다큐멘터리 제작진을 뒤로하고, 나는 탐사자와 과학자 무리 쪽으로 다가갔다.

    "맥주 한잔해야겠어. 내가 무엇을 발견했는지 모두에게 이야기해야겠거든."

    우리는 길 아래쪽에 있는 작은 술집에 모이기로 했다. 그곳에는 긴 나무 벤치가 있어 한자리에 모여 앉아 그날 발견한 내용을 의논할 수 있었다. 그러고는 지프 쪽으로 걸어가는데, 존과 아거스틴이 멈추라고 소리를 질렀다. 존은 내가 취한 사람 같다고 했고, 아거스틴은 내가 뇌졸중이 온 사람처럼 보인다고 했다. 나는 자동차 열쇠를 두 사람에게 던져주고 조수석에 올랐다.

※

평일 이른 저녁이라 술집에 빈 테이블이 꽤 있었다. 손님은 주로 수다를 떠는 연인이나 삼삼오오 모인 농부들이었다. 근처 당구대에서 이따금 들려오는 당구공 부딪히는 소리를 뚫고 단원들에게 내 여정을 들려주었다.

내가 깊은 인상을 받았거나 새롭게 이해한 것들이 아주 많았다. 무엇보다 슈트가 수직 통로이기는커녕 라이징 스타 동굴계 전체에 미로처럼 뻗어 있는 통로들이라는 사실부터 알려야 했다. '이제 보니 힐 곁굴의 흙이 슈트가 아니라 측면 통로를 통해 들어왔더라고. 내 생각엔 날레디가 유석을 부수고 떨어진 돌조각을 다른 데로 옮기지 않았을까 싶어.' 나는 독백을 하듯 말을 쏟아냈다.

이윽고 새김무늬를 설명했다. 설명을 이어가던 중, 스마트폰으로 새김무늬를 찍어둔 것이 기억났다. 그물눈 무늬를 찍은 사진 한 장을 골라 단원 모두가 볼 수 있게 스마트폰을 들어 올렸다.

반응이 내 기대와 달랐다. 아거스틴이 벌떡 일어서더니 "금방 올게요!"라고 외치고 주차장으로 달려갔다. 다급한 소식이라도 받은 모양새였다. 존의 반응도 당혹스러웠다. 내 스마트폰을 흘깃 보더니, 저녁 식탁에 앉은 십 대처럼 테이블 아래쪽에서 정신없이 자신의 스마트폰을 만지작거렸다. 조금 기분이 상했다. 다른 건 차치하고, 이 사진을 찍느라 내가 죽을 뻔했다.

아거스틴이 성큼성큼 테이블로 돌아오는 순간 존이 고개를 들었다. 두 사람이 동작을 맞추기라도 한 듯 동시에 내게 각자의 스마트폰을 내밀어 사진을 보여주었다. 존의 스마트폰을 보니 어두운 바위 같은 곳에 새겨진 그물눈 무늬와 비슷한 기호가 보였다. 아거스틴의 스마트폰에도 똑같은 사진이 있었다. 이게 무엇이냐고 내가 물었다. 두 사람이 보여준 사진에 있는 그물눈 무늬와 내가 디날레디에서 발견한 것 중 가장 중요한 것인 그물눈 무늬에 나타난 선의 교차 각도가 같았다. 전체 무늬의 오른쪽에 자리한 기울어진 십자형도 비슷한 위치에 있었다.

"이 무늬는 길어야 10만 년 전 네안데르탈인이 지브롤터 고램 동굴에 새긴 겁니다."

아거스틴이 고개를 끄덕였다.

"교수님이 찍은 무늬와 완전히 똑같고요."

나와 존의 스마트폰을 나란히 놓고 무늬를 비교해보았다. 소름이 돋았다. 누구든 두 무늬를 본다면 같은 존재가 새기지 않았을까 생각할 것이 분명했다. 하지만 나는 두 무늬가 서로 다른 두 종에서 나왔다는 사실을 알았다. 한 종은 뇌가 침팬지보다 살짝 크고, 다른 종의 뇌는 현대 인간과 같거나 더 컸다. 두 종은 6,000킬로미터 넘게 떨어진 서로 다른 대륙에 살았고, 생존 연대도 20만 년 이상 차이 났다. 고램 동굴에 가본 적이 있는 존과 아거스틴은 그 새김무늬를 직접 봐서 알고 있었다.

나는 입을 다물지 못한 채 두 무늬를 번갈아 보다 단원들을 바라보았다. 정말 놀라웠다. 라이징 스타 새김무늬는 엄밀히 말해 사람이 아닌 종들도 기호를, 그것도 네안데르탈인이 만들었다고 보는 기호와 놀랍도록 비슷한 기호를 만들었다는 첫 증거였다. 많은 과학자가 이런 기하학적 표지의 의미와 가치를 추정했다. 이런 표지를 보면 의미를 부여하고 싶은 마음이 들기 쉽다. 게다가 날레디가 만들었을 가능성이 큰 표지는 계산식부터 별자리까지 정말로 무엇이든 될 수 있다. 하지만 시간을 거슬러 여행하지 않는 한, 표지가 무엇을 뜻하는지 확실히 알 길이 없다는 것이 엄연한 사실이다. 그래도 표지가 존재하고 선사시대 여러 시기에 되풀이해 나타난다는 사실에는 분명 의미가 있다.

내 스마트폰 속 사진들을 가만히 들여다보았다. 어느 날레디 개체가 지하 깊은 곳에서 이 표지를 보았다면 어떤 생각을 했을까? 은은하게 빛나던 십자형의 환상이 다시 나타났다. 전례가 없는 이 무늬는 〈스타트렉〉에 등장하는 외계인들과 커크 선장의 차이만큼 현생 호모 사피엔스와 형상이 다른 종이 새긴 것이었다. 탐사에 들어간 지 겨우 3일 만에 우리 연구는 날레디의 생물학적 고찰이라는 단순한 주제에서 날레디의 행동과 관습 조사로 진화했다. 우리는 단순한 동물의 초상보다 더 복잡한 무언가에 가까이 다가가고 있었다. 인간이 아닌 존재의 문화를 연구하는 데 접근하고 있었다.

그리고 밝혀야 할 것들이 아직 많았다.

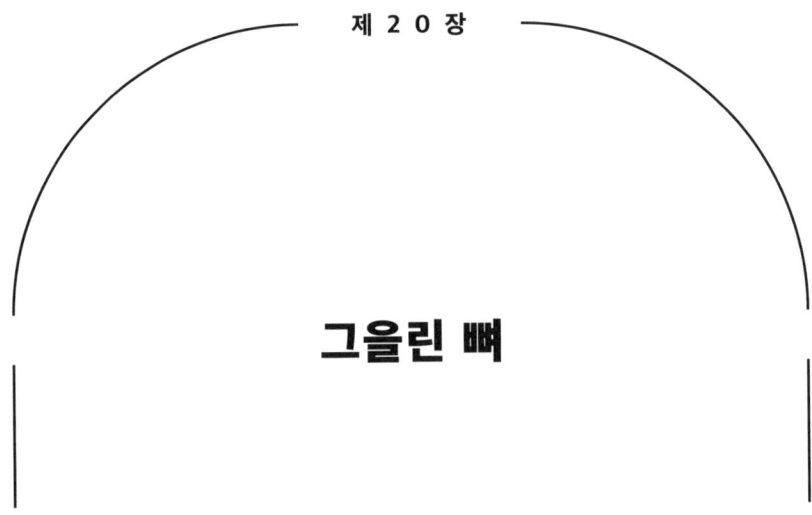

제 20 장

그을린 뼈

이튿날 나는 케네일루의 요청으로 드래건스백 굴에 다시 들어갔다. 내가 슈트에서 벗어난 직후, 케네일루가 나를 따로 불러 내가 디날레디에 있는 동안 자기 팀이 새로운 발굴지에서 아주 흥미로운 것을 찾아냈다고 알렸다. 이미 디날레디에 압도된 내 뇌에 또 다른 발견이 들어설 자리가 있을까 싶었지만, 그래도 정신을 차리고 드래건스백 굴로 내려가 발굴 현장에서 케네일루를 만났다.

그가 10~15센티미터 깊이로 파낸 직사각형의 새로운 발굴지를 가리켰다. 파낸 곳 중앙 근처에 잿빛으로 변색한 원 모양의 점토가 뚜렷이 보였다. 원 안에 있는 것은 틀림없이…….

"불에 그을린 뼈와 숯이에요."

케네일루가 말했다. 그리고 굴 바닥을 정사각형으로 파낸 다른 발굴지를 가리켰다.

"저기 저쪽에는 큰 잿더미 층처럼 보이는 것이 있고요."

나는 변색된 점토 옆에 쪼그리고 앉았다. 열에 굳은 물질은 분명히 재였다. 아득한 옛날에 이곳이 불구덩이 자리였다는 확실한 흔적이었다. 누군가가 언젠가 이곳에서 작은 불을 피우고 고기를 구워 먹었던 것 같았다. 나는 믿기지 않아 고개를 저었다. 이럴 확률이 얼마나 될까? 어제 내가 디날레디 천장에서 그을음으로 보이는 물질을 알아본 바로 그 순간, 여기 드래건스백 굴에서 케네일루의 팀이 불의 사용을 뒷받침할 별개의 유력한 증거를 발견했다. 이렇게 시간의 깊이가 깊은, 즉 연대가 약 25만 년 전인 굴에서는 증거를 하나만 발견해도 놀라운 일일 것이다. 그런데 두 굴 모두에서? 믿기지 않는 일이었다. 이 증거와 날레디를 결부할 강력한 사례를 제시할 수 있다면, 그동안 다른 연구자들이 개방된 공간에서 발견한 불의 사용 증거를 확인할 때 마주한 많은 난관을 피할 수 있을 터였다. 이런 지형은 작고, 특정 구역에 국한되고, 동굴계 깊숙한 곳에 있으므로, 지표면에서 일어나는 자연 화재나 박쥐 구아노의 자연 발화 같은 다른 발화 원인을 합리적으로 배제할 수 있다. 이 불을 일으킨 존재가 무엇이든 그들은 불을 완전히 통제했다.

불현듯 또 다른 함의가 떠올랐다. 진보의 행진이라는 발상이 남긴 잔재 하나가 후기 호미닌만 불을 사용했다는 개념이었다. 고고학자들은 이 가정에 따라 먼 옛날 어떤 종이 불을 피웠는지 알 수 있다고 확신했다. 이들은 200만~50만 년 전으로 밝혀진 불의 사용 흔적을 고려할 때 처음으로 불을 사용한 종은 호모 에렉투스라고 추정했다. 뒤에 나타난 네안데르탈인과 현생인류는 에렉투스가 사용한 불을 받아들여 열처리 도구 같은 더 복잡한 용도를 개발했다. 불을 폭넓게 사용했다는 증거는 최근 30만 년 이내에만 나타났다. 이 기간에 불을 일으켜 사용한 다른 종이 있으리라고는 누구도 예상하지 못했다. 불과 호모 날레디를 연결할 수 있다면, 일반적으로 받아들이는 이 연대표에 엄청난 논란이 일어날 것이 틀림없었다.

달리 말해 이 시기에는 뇌가 큰 호미닌만이 불을 통제할 수 있다는 고정관념이 있었으므로, 날레디와 불의 연관성이 등장하기 전까지는 단순한 질문을 던지지 않을 수 없었다. 어떻게 호모 날레디처럼 뇌가 작은 종들이 뇌가 더 크고 불을 사용하는 경쟁자와 함께 100만 년 넘게 살아남을 수 있었을까? 만약 날레디도 불을 사용했다는 것이 답이라면 앞뒤가 맞다. 날레디는 이빨이 작은데, 이는 대개 조리한 음식이 많은 양질의 식단을 나타내는 특징이다. 아프리카 대륙은 날레디가 등장하기 거의 100만 년 전부터 다른 호미닌이 불을 사용했을 가능성이 높은 곳이고, 그중에서도 날레디가 살았던 지역은 걸핏하면 자연 화재가 번지는 곳이었다. 날레디는 라이징 스타에서 그리 멀지 않은 스와르트크란스 유적지에 있는 동굴들도 돌아다녔는데, 그곳에서 불을 통제해 사용했다는 가장 빠른 연대의 증거가 발견되었다.

내가 불에 그을린 뼈들을 자세히 살펴보자 케네일루가 딱 잘라 말했다.

"동물 뼈예요."

"확실해?"

내가 눈썹을 치켜올리자 그가 고개를 끄덕였다.

"날레디는 확실히 아니에요."

뼈가 정확히 어떤 동물의 것인지 밝히려면 실험실에서 분석해야 한다.

하지만 케네일루는 뼈의 크기와 모양으로 보아 호모 날레디의 뼈가 아니라는 것을 알아챘다. 이 뼈들은 날레디 것과 비슷하지도 않았다. 그래도 해당 동물을 밝히는 것은 흥미로운 부분이었다. 이 동물들의 정체를 밝히면 날레디가 살아간 환경을 더 자세히 알 수 있을 테니까.

뼈들의 정체를 확인한다면 날레디와 함께 존재한 종들을 확실히 알 수 있을뿐더러, 이 종들의 먹이와 서식지 정보를 바탕으로 날레디 주변에 서식한 식물의 종류와 밀집도도 파악할 수 있게 된다. 구부러진 손가락으로 볼 때 날레디가 무언가에 기어올랐을 가능성이 크지만, 해부학적 구조만으로는 무엇에 올라갔는지 알 수가 없다. 이빨에 파인 골로 보건대 날레디의 먹거리에 십중팔구 거친 음식이 포함되었겠지만, 이런 특징으로는 구체적으로 무엇을 먹었는지 알 수 없다. 이 동물 뼈는 날레디의 주변 환경, 즉 이들이 일상을 살았던 세상과 라이징 스타 바깥에서 경험한 세상을 통해 날레디에 관해 더 많이 파악할 수 있는 통로를 열었다. 날레디는 어떤 식물을 먹었을까? 어떤 나무에 올라갔을까? 사냥은 했을까? 이 뼈는 먹고 남은 것일까? 케네일루의 팀이 발견한 뼈 몇 점은 호모 날레디를 다룬 소설의 첫 문장과 같았다.

강렬한 흥분이 밀려왔다. 존과 나는 9년 가까이 대규모 탐사단과 함께 작업하며 호모 날레디가 굴과 통로를 탐색한 기간에 라이징 스타에서는 무슨 일이 벌어졌는지 알려주는 증거를 수집해 하나로 모았다. 연구를 진행할수록 이야기의 앞뒤가 서서히 맞아떨어졌다. 무엇보다 날레디가 디날레디를 돌아다니며 내부를 바꿨다는 것이 발굴을 통해 드러났다. 또 날레디가 굴 바닥에 의도적으로 파낸 구덩이에 시신을 묻었다는 것도 밝혀졌다. 이런 결과만으로도 우리는 해부학과 지질학의 영역을 벗어나 날레디를 사람은 아니지만 아마도 복잡했을 행동 양식과 나름의 상당한 문화를 갖췄던 종으로 고려하지 않을 수 없었다.

케네일루가 찾아낸 증거로 보건대 날레디는 드래건스백 굴을 디날레디 동굴군의 매장용 굴들과 다르게 이용했다. 드래건스백에는 우리가 다른 곳에서는 발견하지 못한 뼈들이 있었다. 불을 사용한 특징도 다른 곳에서는 발견하지 못한 것이었다. 날레디가 이룩한 세계가 점점 더 복잡해졌다. 이들의 세계를 파악할 완전한 그림을 조합하기란 금고 열기와 비슷했다. 금고 자물쇠의 텀블러들을 움직여 제자리에 딱 맞게 위치시키려면 상당한 시간과 노력이 필요한 법이다.

그렇다고 날레디 문화라는 거대한 가설을 완전히 무시할 수는 없었다. 어떤 종도 우리 인간의 문화 역량에 근접할 수 없다는 생각은 오만의 극치로 보였다. 고고학자로서 날레디처럼 멸종한 종을 연구할 때는 당시의 사회 상황과 환경에 관한 깊은 이해가 필수적이라는 생각이 들었다. 우리는 날레디를 알려줄 더 완전한 그림이 필요했다. 그러려면 라이징 스타의 모든 면을 새로운 시각에서 바라보아야 했다. 이 종의 역량이 우리가 이전까지 짐작했던 것보다 훨씬 더 뛰어났기 때문이다.

제 2 1 장

문화의 흔적을 찾아

라이징 스타 동굴계 서쪽 구역에는 유명무실한 라이징 스타 굴Rising Star Chamber이 있다. 예전에 이 구역을 가볍게 탐사한 적이 있는데, 이때 우리 탐사자 몇몇이 깊고 외진 곳에서 영양의 화석 조각들과 독특한 호미닌 정강뼈 하나를 발견했다. 하지만 드래건스백 굴, 디날레디 굴, 힐 곁굴의 발굴물이 상대적으로 풍부했으므로 우리는 서쪽 구역에 그다지 관심을 두지 않았다. 다시 외진 서쪽 구역을 발굴할 후속 탐사를 오랫동안 고려했지만, 흥미로운 유골과 매장지에 집중하느라 계속 뒤로 미뤘다. 라이징 스타 굴을 포함한 서쪽 구역의 개방된 영역에서는 호모 날레디 화석을 하나도 발견하지 못했다. 그때 내 눈에는 동굴 탐험가의 발자국밖에 보이지 않았다.

하지만 최근 디날레디에서의 경험으로 내가 배운 교훈이 있다면, 때로는 첫 시도를 덮어놓고 믿어서는 안 된다는 점이다. 우리 단원들은 새김무늬 옆을 수십 번, 어쩌면 수백 번이나 지나쳤지만 알아보지 못했다. 드래건 스백 굴에서 불을 사용했다는 강력한 증거들 위를 여러 해 동안 오가기만 했다. 우리가 무언가를 놓쳤을지도 모르니 라이징 스타 굴로 돌아가 살펴볼 가치가 충분했다.

디날레디에 다녀온 지 이틀 뒤, 나와 존 그리고 더크가 북쪽 출입구를 거쳐 라이징 스타 굴로 출발했다. 입구 근처에 떨어진 둥근 바위를 우회해 돌출부 아래로 몸을 숙인 우리는 헤드램프를 켜고 또 다른 수직 통로를 내려가 업사이드다운 턴어라운드Upside-Down Turnaround로 알려진 또 다른 험난한 통로에 도달했다.

이 통로는 마음이 심란해지는 힘겨운 곳이다. 탐사자 대다수는 이곳의 좁은 수직 출입구에 머리부터 넣은 뒤 꽉 끼는 스퀴즈 사이로 몸을 밀어 넣어 안전모가 바닥에 닿을 때까지 내려간다. 말 그대로 물구나무서기를 한 채 버둥거리며 몸을 밀어내다 보면 몸이 90도 각도로 뒤틀리고 (이쯤 되면 이 자세가 익숙해진다) 마침내 작은 터널을 내려다보게 된다. 한번 아래로 내려가기 시작하면 되돌릴 길은 없다. 다치지 않고 거꾸로 빠져나오기가 불가능하지는 않아도 극도로 어렵다.

더크가 먼저 들어갔다. 관에 빨려 들어가는 사람처럼 두 다리가 허공에서 발버둥 치다 시야에서 사라졌다. 내가 존을 바라보며 먼저 가라고 손짓했다.

더크의 버둥거리는 팔다리가 사라진 곳을 가만히 쳐다보던 존이 고개를 돌려 나를 바라보았다.

"저는 여기 위쪽에서 계속 지켜볼게요. 두 분은 내려가세요."

"그렇게 하지."

나는 고개를 끄덕였다. 출입구는 기억했던 그대로 끔찍했다. 몸을 터널로 욱여넣는 데만 6분이 걸렸고, 터널을 지나 방향을 틀자 좁은 통로를 따라 30미터를 기어야 하는 참으로 흐뭇한 광경이 나타났다. 백팩을 앞으로 미는데, 내 헤드램프의 불빛에 바닥을 차는 더크의 발이 보였다. 터널 바닥은 온통 뾰족한 암석뿐이었고, 기어가는 동안 뾰족한 부분이 죄다 나를 찌르는 것 같았다. 이 터널은 정말 질색이었다.

반대쪽으로 나온 나와 더크는 미끌미끌한 경사면을 몇 번 미끄러져 내려가고 작은 통로들을 올라가며 다시 200미터를 이동한 끝에 라이징 스타 굴에 도착했다. 굴의 상징 같은 종유석들이 눈에 들어왔다. 숨이 절로 멈췄다. 정말 아름다웠다. 공중에 떠다니는 먼지에 오염되지 않은 순백색의 종유석들 때문에 굴에서는 사람이 한 번도 살지 않아 훼손되지 않은 견본 주택 같은 느낌이 묻어났다. 암석과 종유석의 구성으로 보건대 이 공간은 바깥으로 나가는 출구와는 늘 거리가 멀었다. 내가 더크에게 말했다.

"디날레디나 드래건스백과는 다른 느낌이군. 한 번도 사용된 적이 없는 것 같아."

더크가 고개를 끄덕였다.

"같은 생각이에요. 굴치고는 꽤 깨끗하네요."

"레세디는 어느 쪽이지?"

이 굴과 레세디 굴은 빙 돌아가는 길로 연결되어 있는데, 스카이라이트 굴에서 레세디 굴로 가는 통로보다 훨씬 길고 복잡하고 상당히 힘들기 때문에 우리 탐사단은 거의 이용하지 않았다.

더크가 약 40도 각도로 솟아오른 비스듬한 바위를 향해 출발했다.

"이 바위 위로 올라간 뒤 터널을 지나면 스퀴즈에 도달합니다."

더크는 벌써 10미터 남짓 앞서 있었다. 나도 더크를 따라 움직이려다 잠시 걸음을 멈췄다. 종유석 하나에 있는 무언가가 헤드램프 불빛에 눈에 띄었다. 천장을 올려다보았다. 순백의 커튼처럼 물결치는 새하얀 석회석 뒤쪽을 보니, 거무튀튀한 잿빛 영역이 천장의 더 오래된 암석 쪽으로 뻗어 있었다. 디날레디 굴의 천장에서 보았던 잿빛, 내가 그을음이라고 생각했던 잿빛과 비슷해 보였다.

"젠장, 디날레디에서 보았던 잿빛이 그냥 광물 얼룩이면 어쩌지?"

라이징 스타 굴은 누가 살거나 사용한 느낌이 없었다. '디날레디의 얼룩이 이곳 얼룩과 동일하면 어쩌지' 하는 의심이 머릿속을 스쳤다. 내가 틀렸을지도 모르지.

나는 비스듬하게 솟아오른 바위를 오르는 대신, 더크가 나를 기다리고 있는 곳 바로 밑에 자리한 작은 굴로 다가갔다. 기울어진 바위 때문에 그 아래로 자그마한 굴 같은 빈터가 만들어져 있었다. 짧은 걸음 한 번이면 움푹한 바닥으로 내려갈 수 있었다. 하지만 그 공간에 발을 내딛던 순간, 숨이 턱 막혀 멈춰 섰다. 더크에게 소리쳤다.

"와서 이것 좀 봐! 믿기지 않을걸!"

"뭔데요?"

바닥이 불에 그을린 뼈, 재, 큰 숯덩이들로 뒤덮여 있었다. 드래건스백 굴에서 발견한 작은 불구덩이가 아니었다. 재가 사방으로 흩뿌려져 있고, 누

▶ 바닥에 흩어져 있는 재, 불에 그을린 뼈, 숯 조각 그리고 벽에 달라붙은 그을음으로 보건대 누군가가 라이징 스타 굴에서 불을 사용했다.

가 봐도 확실한 숯덩이와 까맣게 탄 동물 뼈 수십 개가 있었다. 이 잔해를 날레디가 남겼을까?

더크가 서둘러 내려와 함께 작은 굴을 조사했다. 나는 누군가가 불을 피웠을 가능성을 제외한 모든 설명을 고려해보았다. 동굴 바깥에서 도구나 돌 조각을 하나도 보지 못했기 때문이다. 동물 뼈는 대부분 토끼, 쥐, 생쥐 같은 소형 포유류의 것으로 보였다. 영양의 다리뼈도 몇 개 있었는데, 머리뼈나 이빨은 없었다. 어떤 청소 동물이나 포식 동물의 굴에서도 이런 조합은 보지 못했지만, 뼈가 최근 것으로 보이지도 않았다. 더크와 함께 현장을 둘러보다 불에 그을린 뼈 일부와 재 위로 방해석이 형성된 곳을 발견했다. 방해석은 물이 흘러내린 뒤 남은 퇴적물에서만 형성된다. 그러니 이 재와 뼈는 뚝뚝 떨어진 물 위로 암석이 형성되기까지 오랫동안 이곳에 있었을 것이다.

신기하게도 내가 본 기다란 뼈 대다수는 끄트머리에 나선형 골절이 있었다. 이런 골절은 골수를 빼내려고 망치로 뼈를 부술 때 흔히 나타난다. 전체적으로 볼 때 이 유물군은 수렵 채집인이 실제로 먹는 음식, 초원을 돌아다니다 잡아 죽인 동물, 이따금 죽이거나 사냥한 큰 동물의 모습을 보여주는 교과서 속 사진처럼 보였다. 정말 놀라웠다.

나는 숯과 불에 그을린 뼈가 남긴 짧은 흔적을 따라 좁고 낮은 통로를 기는 자세로 탐색해나갔다. 양쪽에 불을 사용한 특징이 있는 터널이 더 많이 보였다. 사방에 숯과 재가 있었다. 마치 어떤 상상도 가뿐히 뛰어넘는 발굴물과 재물을 쌓아둔 어느 고인류학자의 보물 창고로 기어드는 것 같았다. 앞을 보니 눈앞에 왕관처럼 빛나는 이 공간의 심장이 놓여 있었다. 호미닌의 활동을 무엇보다 확실히 보여주는 증거, 바로 돌무더기였다.

더 가까이 기어가 보았다. 쌓여 있는 돌덩이 하나하나가 미식축구공 크

▶ 불에 그을린 돌무더기 아래에 불에 그을린 뼈와 재가 있다. 아마 난로였을 이 돌무더기는 호모 날레디가 라이징 스타 동굴계에 거주하던 때 모습 그대로 남아 있다.

기였다. 돌무더기 주변 지면에는 더 작은 돌덩어리들이 널려 있었다. 얇은 방해석층이 일부 암석의 바닥을 서로 용접해 하나로 붙여놓은 듯했다. 돌덩이 표면은 불에 달궈져 검게 그을린 것 같았다. 바닥을 살펴보니 재가 있었다. 이 모든 요소가 합쳐져 매우 의도적이고 조금 원시적인 구조물을 이루는 것 같았다. 돌덩이는 천장에서 떨어진 것 같지 않았다. 모양이 살짝 둥그스름했다. 이 돌무더기가 먼 옛날로부터 그대로 보존된 날레디의 난로일까? 어떻게 해야 확실히 알 수 있을까?

헤드램프를 구조물 너머 뒤쪽 벽에 비춰보았다. 그곳에 뚜렷이 대비되

▶ 난로로 추정되는 돌무더기 위쪽, 라이징 스타 굴 벽에 나뭇가지 같은 무늬가 새겨져 있다. 이런 무늬는 수십만 년 전 지하 통로를 오간 존재가 문화를 공유했다고 암시하는 세부 목록을 늘린다.

는 하얀색 작은 무늬가 돌에 새겨져 있었다. 그리고 바로 그 아래 깨진 유석 조각이 있었다. 놀라움에 목이 꽉 막혔다. 주위를 둘러보았다. 뒤쪽을 보니 이 유석 조각이 정확히 천장 어디에서 떨어져 나왔는지 알 수 있었다. 유석이 떨어진 곳이 헤드램프에 빛났다. 이 조각이 저절로 돌무더기 뒤로 떨어졌을 리는 없었다. 무언가가 유석 조각을 움직인 것이다. 아니면 들어 옮겼거나.

아프리카 남부에는 인간 무리가 도구를 만들었다는 증거가 발견된 동굴과 바위굴이 많다. 고고학자들은 이런 도구 대다수가 후기 석기시대와 철기시대에 만들어졌다고 본다. 특히 기원전 1200~500년 전 철기시대 사람들은 도기를 만들고, 다양한 철기와 간석기를 사용했다. 하지만 라이징 스타 동굴계에는 입구 너머에 이런 증거가 하나도 없었다. 철기시대 인간이 이런 외진 공간으로 이동했다는 증거도, 심지어 후기 석기시대 인간이 라이징 스타 동굴계 어디에 발을 들였다는 증거도 없었다. 석기시대 사람이 만든 난로 주변에 중요한 석기가 흩어져 있지 않은 것을 본 적이 없으므로, 이 굴에서 발견한 것들은 우리가 아는 인간 행동에 매우 어긋났다. 지질학적 증거로 볼 때 우리가 이 영역에서 난로와 연결할 수 있는 호미닌은 호모 날레디뿐이었다. 이 난로는 생물학적 증거도 해부학적 증거도 아니었다. 난로는 문화적 증거에 가까웠다.

호모 날레디가 디날레디와 레세디에 시신을 묻었다면, 가까운 다른 구역을 여러 활동에 사용했을 것이다. 아마도 라이징 스타 굴에서 요리를 하거나 드래건스백 굴에서 불을 피우고 친족을 묻기 전이나 후에 식사를 하는 등 특정 공간을 의례적 활동에 전용했을 것이다. 우리는 그때껏 라이징 스타 굴과 디날레디 굴 같은 곳을 서로 무관한 곳, 즉 날레디 이야기를 완성할 전혀 다른 조각을 찾아낼 곳으로 보았다. 하지만 라이징 스타 굴의 난로는 전체 동굴계를, 즉 모든 공간을 함께 연구해야 이 공간들이 서로 연관되어 있는지, 그렇다면 어떻게 연관되어 있는지 파악할 수 있다고 알려주었다. 이 연구의 이면에 있는 답은 날레디에 관한 더 완전한 그림을 그리는 데 그치지 않을 것이다. 날레디 문화의 발전은 우리 조상들, 즉 호모 사피엔스 이전에 존재했던 호미닌들이 결국 어떻게 인간이 되었는가라는 궁금증을 해결해줄 열쇠를 제시할 것이다. 날레디에게서 문화를 나타내는 증거를 찾을 수 있다면, 인간이 어떻게 문화를 발전시켰는가라는 질문의 답에 한 걸음 더 가까이 다가갈 수 있을 것이다.

제 2 2 장

의미를 찾아

2015년 우리 탐사단은 학술지 〈이라이프〉를 통해 호모 날레디라는 새로운 종의 존재를 처음으로 세상에 알렸고, 2017년에는 《올모스트 휴먼》을 펴내 오스트랄로피테쿠스 세디바의 발견과 라이징 스타 동굴계에서 초기에 발견한 화석 발굴물을 자세히 소개했다. 《올모스트 휴먼》을 펴낼 당시 우리는 원시적으로 보이는 이 종이 우리가 생각했던 인간 진화의 시기와 장소를 얼마나 뒤흔들어 놓을지 이제 막 인식하고 있었다. 우리 발견은 획기적이기도 했지만 논쟁을 부르기도 했다. 기존 사고에 따르면 이런 해부학적 구조를 갖춘 종은 모두 200만 년 이전에 살았어야 했다. 하지만 호모 날레디 유골이 증명했듯 이들은 25만 년 전에 존재했다. 이 연대는 전 세계 과학자들을 놀라게 했다. 같은 시기에 아프리카에서 최초의 현생인류가 진화했으니, 호모 날레디가 초기 호모 사피엔스와 공존했다는 뜻이기 때문이다. 당시 아프리카에 인간만 있었던 것이 아니었다. 다른 종이 초기 인류와 함께 생존했을뿐더러, 우리가 라이징 스타에서 발견한 바에 따르면 번성하기까지 했다. 어쩌면 우리 종은 우리가 생각했던 것만큼 특출한 종이 아니었을지도 모른다.

초기 발표 이후로 호모 날레디를 발굴하는 과정에서 우리는 2,000개 넘는 뼈와 이빨 조각을 찾아냈다. 아프리카에서 발견된 고생인류 화석 유물군 중 가장 풍부한 이 연구 자료 덕분에, 이 고대 조상의 신체적 특징을 우리가 아는 호미닌 종 대다수보다 더 생생하게 재현할 수 있었다. 호모 날레디는 뇌가 작았고, 골격이 무언가에 기어오르기에 적합했고, 골반과 몸통이 초기 고생인류와 비슷했다. 다리가 길었고, 발 모양이 사람과 비슷했고, 엄지를 포함한 손이 도구 제작에 적합했고, 이빨이 사람처럼 작았다.

호모 날레디의 흔적은 모두 전례가 없는 환경에서 발견되었다. 스물다섯 개체 이상의 유해가 오늘날 가장 노련한 동굴 탐험가에게조차 도전일 정도로 몹시 접근하기 어려운 복잡한 지하 동굴계의 가장 깊숙한 곳에 간직되어 있었다. 우리 연구에 따르면 날레디는 이런 환경을 주름잡아 좁고 어두운 공간들을 이동하며 다양한 용도로 사용했다. 이 견해가 얼마나 논쟁적이든 증거에 따르면 날레디는 일부 굴을 죽은 자를 위한 특별한 장소로 사용했다. 많은 동료가 그런 일은 있을 수 없다고 본다. 하지만 이 책에도 공유했듯 증거는 훨씬 더 나아가, 이 종이 비록 뇌는 작아도 원시 조상에게 가능했으리라고 상상하지 못했던 복잡한 문화를 구현했다는 것을 완전히 깨닫게 한다. 지난 5년 동안 우리는 날레디의 잠재 역량을 드러내는 놀라운 증거를 발견하고 깨달았다. 그리고 그런 발견들이 계속 많은 질문을 던지고 있다.

우리는 사회생활과 관련한 단서를 포함해 호모 날레디의 해부학적 구조와 내면세계도 많이 파악했다. 하지만 라이징 스타에 날레디가 남긴 것들은 이들이 살았던 더 넓은 환경, 즉 바깥세상과 단절되어 있다. 새김무늬부터 불에 그을린 뼈, 난로로 추정되는 돌무더기까지 가장 최근에 발견한 것들이 우리가 아직 알아내지 못한 모든 것의 실마리를 가리킨다. 이런 발견은 우리를 포함한 많은 학자가 고생인류에 제시했던 여러 가정을 무너뜨린다. 그래서 연구에 참여한 지난 몇 년 동안 우리는 당혹해하고, 흥분하고, 버거워했다.

전 세계의 공동 연구자 수백 명이 연구에 몰두한 결과, 과학 논문 수십 편이 호모 날레디를 다루었다. 그 덕분에 모든 고생인류 친척 가운데 날레디의 해부학적 구조가 학계에 손에 꼽게 널리 알려졌다. 우리가 날레디 화석의 모양과 형태를 디지털로 공유한 결과, 세계 곳곳에서 여러 과학자가 우리 화석을 연구하고 자기 연구에 통합했다. 기술 발전에 따라 과학의 본질 자체가 빠르게 바뀌고 있으므로, 이 멸종한 종에 관한 이해를 키우려면 우리는 개방된 경로를 통해 기꺼이 자료를 공유해야 한다.

우리는 호모 날레디가 망자를 매장했다는 주장이 논쟁을 부를 것을 알았다. 이제는 뇌가 작은, 이 수수께끼 같은 호미닌에게 체계적 생활 방식이 있었다고 주장하려 한다. 우리는 매장된 날레디 아이의 손 근처에서 도구 모양인 돌을 발견했다. 이 돌이 부장품을 함께 묻는 매장 의식, 그러니까 오로지 사람만 할 수 있다고 생각한 행위의 증거가 될 수 있을까? 우리는 라이징 스타 여러 곳에서 불을 사용한 증거, 이를테면 벽과 천장의 그을음, 숯, 불에 그을린 동물 뼈, 난로를 암시하는 돌무더기를 찾아냈다. 이런 발견은 날레디가 여러 공간을 다르게 사용해 특정 장소는 매장지로 쓰고 다른 공간은 동물을 요리하는 데 썼음을 시사한다. 무엇보다 주목할 사실은 디날레디 굴과 다른 공간의 특정 벽에 새김무늬가 있다는 것이다. 자연 작용으로는 만들어질 수 없는 이 선들이 호모 날레디보다 뇌가 큰 고생인류 친척이 거주했던 수천 킬로미터 떨어진 다른 동굴에서 발견된 것과 말도 안 되게 비슷한 무늬를 그린다. 한 걸음 물러서서 바라보니, 결국 이 모든 특징을 결합하면 인류학자가 '문화'라 정의할 수 있는 특성을 나타낸다는 것을 우리는 이제 이해하기 시작했다.

조사를 이어가니 디날레디 굴에는 총 **세 곳**의 벽에 새김무늬가 있었다. 대다수는 삼각형, 사각형, 십자형, 이중선 같은 기하학적 기호였다. 다른 새김무늬는 사다리, 삼각형을 가로질러 A처럼 보이게 하는 수평선, 몸통 안쪽에 X자가 새겨진 물고기 모양과 비슷했다. 이 모든 무늬를 해석하고 싶은 유혹을 느끼지만, 이 무늬를 만든 존재는 생물학적으로든 문화적으로든 우리와 다르다는 사실을 유념해야 한다. 우리가 내린 해석을 날레디에 투영해서는 안 된다.

우리는 결국 새김무늬의 연대를 확인해야 한다. 이 작업은 여러 해가 걸릴 난제다. 암석을 긁어내더라도 벽의 화학 성분은 세월의 흐름과 상관없이 전혀 변하지 않으므로 벽의 새김무늬에서 연대를 추정하기란 어렵기 때문이다. 하지만 과학에는 희망이 있다. 최근 지질연대학자들이 일부 고대 암각화 위에 형성된 방해석층을 검사해 연대를 추정해냈다. 보르네오 섬의 멧돼지 벽화를 이런 접근법으로 측정했더니 연대가 약 4만 년 전으로 나와 이 벽화가 우리가 아는 한 가장 오래된 **조형** 예술인 것을 확인했다. 이렇게 디날레디 굴과 라이징 스타 동굴계 다른 곳에 있는 새김무늬의 절대 연대를 확인할 가능성이 점점 커지고 있지만, 이 프로젝트도 앞으로 여러 해가 걸릴 가능성이 크다. 아거스틴 푸엔테스를 포함한 동료들이 10만 년 전 네안데르탈인이 고램 동굴에 새긴 새김무늬를 비롯해 세계 곳곳에서 발견된 비슷한 연구 대상을 데이터베이스로 구축했다. 그런데 라이징 스타 동굴계의 새김무늬가 날레디와 같은 시대의 것이라면 고램 동굴의 새김무늬보다 훨씬 이전인 24만 년 전으로 측정될 것이다.

애초에 이렇게 공통된 무늬가 나타난 이유를 무엇으로 설명할 수 있을까? 암각화 전문가들은 이 문제를 오랫동안 궁금하게 여겼다. 어떤 사람은 이런 기하학적 무늬를 만들려는 경향이 상징적 사고가 발달하고, 더 나아가 수학이나 언어가 시작되는 토대라고 추측한다. 이런 견해는 검증이 어렵다. 상징을 사용하는 신경계의 사례가 현생인류밖에 없기 때문이다. 따라서 상징적 사고의 어떤 요소가 발달이나 유전, 학습에서 비롯하는지 파악하기란 실질적으로 어렵다.

그래도 새김무늬는 날레디 문화를 재구성하는 데 필요한 실마리를 제공한다. 라이징 스타 동굴계는 우리 세계 한복판에 있는 외계 세계에 접근하도록 도와줄 날레디 우주선과 같다. 우리는 우주선의 봉인된 문을 열고 안으로 들어가 라이징 스타를 어떻게 사용했는지 알려줄 인공 유물과 단서를 찾았다. 이 공간이 너무 중요했던 날레디가 이곳에 망자를 남겨두었을 가능성이 있어 보였다.

이 여정에서 우리는 심각한 회의론을 마주했다. 날레디를 호모속으로 분류할 때처럼 과거 경험의 궤적 안에서 연구할 때는 누구도 혹독한 논평을 발표하지 않았다. 하지만 우리가 문화 영역으로 옮겨가 날레디에게 의도적 매장 관습이 있었을지도 모른다는 주장을 내놓자 격렬한 반응이 일었다. 날레디가 망자의 시신을 의도적으로 처분했다는 견해를 받아들인 사람들은 우리 주장을 훌쩍 뛰어넘어 이 행동이 날레디가 사람이었다는 의미라고 결론짓기도 했다. 그도 그럴 것이 우리는 사람이 아니면서 이 정도로 복잡한 문화를 지닌 종을 연구해본 적이 없었다. 수십 년 동안 고고학자는 시신을 매장하는 것 같은 망자 안치식이 현생인류가 구축한 문화의 특징이라고 믿었다.

하지만 날레디의 행동이 복잡하다는 이유만으로 그들을 사람으로 여기는 것은 지적 평계로 보인다. 날레디가 사람이라고 말하는 것은 애초에 우리가 어떻게 사람이 되었느냐는 질문에 회피하는 것일뿐더러, 복잡한 행동을 할 줄 아는 종은 모두 우리와 같다고 가정하는 것과 동일하기 때문이다.

날레디와 사람 모두 아주 오래전 살았던 공통 조상에서 진화했다. 두 종이 모두 먼 옛날 공통 조상에게서 문화적 성향을 물려받았을까? 아니면 그런 성향을 독립적으로 진화시켰을까? 그도 아니면 더 설득력 있게 문화의 유전적 기원이 두 계통 **사이의** 상호 작용으로 생겨났을까? 이런 깊은 질문이 날레디가 사람이었다고 말하는 것보다 훨씬 가치 있어 보였다. 우리가 보기에 그런 단순화는 사람만이 다른 사람과 교류할 수 있고, 다른 사람에게서 배울 수 있고, 다른 사람의 후손일 수 있다는 편견에서 나온다. 이는 진화사에서 오로지 인간만이 중요하다고 말하는 것과 같다.

왜 이 관점이 지속될까? 사람이 진화의 정점이라는 견해는 진화 과학의 역사를 관통하는 강력한 기류였다. 인류학자들조차 우리가 복잡한 계통수의 한 가지라고 인정하면서도, 연구 목표는 왜 우리 가지가 이토록 특별한지 이해하는 것이었다. 그래서 진보의 행진이라는 개념이 불쑥불쑥 다시 등장한다. 우리가 이런 상황을 인식할 때 비로소 고정된 관념에서 벗어나 우리 앞에 놓인 증거에만 집중해 검토할 수 있게 된다.

달리 말해 인간의 고유성이라는 개념 아래에는 진화 계보에서 인류의 모든 조상 종은 제자리에 있는 가운데 **우리**에서 절정을 이룬다는 가정이 깔려 있으므로, 날레디가 사람에 관한 개념과 가정을 뒤흔들 만큼 복잡할 수 있다는 견해에 심각한 반발이 일어난다.

우리 종인 호모 사피엔스와 그들의 종인 호모 날레디를 비교하고 두 종의 교류 가능성을 생각해보는 것은 흥미로운 주제다. 우리가 발견한 화석의 연대가 30만~20만 년 전이므로, 두 종이 아프리카에 공존했을 가능성이 확실히 열렸다.

어떤 정의를 적용해도 호모 날레디는 사람이 아니다. 하지만 현재의 고고학 기록이 호모 사피엔스의 복잡성을 정확히 반영한다면 당시의 날레디는 사피엔스보다 훨씬 더 복잡했다. 날레디가 사람보다 10만 년 앞서 망자 안치식을 치르고 의미 있는 기호를 만들었다는 증거를 발견할 가능성이 높다. 십중팔구 지리적 위치도 같을 것이다.

생각해보면 이는 놀라운 일이다. 하이펠트에서 뇌는 작아도 복잡한 문화를 지니고 살아가던 날레디 무리가 뇌는 커도 문화는 덜 정교한 호모 사피엔스를 만나는 모습을 상상해보자. 두 종의 교류가 폭력적이었을까? 평화로웠을까? 두 종이 오늘날 침팬지와 고릴라가 그렇듯 서로 피했을까? 아니면 날레디가 호모 사피엔스를 기어이 자기 거주지에서 몰아냈을까?

언젠가는 이 모든 물음의 답을 찾을 수 있을지도 모른다. 유전 형질이나 고대 단백질을 분석해 날레디와 인간 사이에 유전자 이입, 즉 유전자 공유가 일어났는지까지 밝혀낼지도 모른다. 만약 그런 일이 일어났다면, 흔히 현생인류 혁명이라 부르는 진화적 도약에 불씨를 댕겼을까? 뇌가 큰 우리 조상들이 뇌는 작아도 더 영리한 종과 짝짓기를 했고, 그 결합이 우리가 큰 뇌의 잠재력을 활용할 줄 알게 되는 마법의 순간을 만들어냈을까?

그게 아니라면 호모 날레디의 발달과 문화적 행동은 지능에 관한 다른 진화의 또 다른 실험에 불과했을까? 아마 날레디는 우리가 아직 발견하지 못한 인간 수준의 지능에서 최초로 일어난 실험을 대표하고, 우리 계통은 수만 년 뒤 별도의 발전을 독자적으로 이뤘을 것이다. 물론 사람이 날레디의 관습을 보고 관찰하고 흉내 내다 복잡한 문화를 발전시켰을 가능성도 있다. 우리가 아주 오랫동안 인간의 고유한 문화라고 생각했던 것이 이종 교배나 흉내로 생겨나 발달했다면 얄궂지 않을까? 아니면 인간 수준의 지능이 우리 계통뿐만 아니라 다른 계통에서도 복잡한 진화에 따라 여러 차례 일어난 자연스러운 과정일 뿐인데 우리가 지금껏 알아채지 못한 것은 아닐까?

가능성은 여러 가지고, 우리는 모든 가능성에 열려 있어야 한다. 지금 단계에서는 이 흥미로운 물음들에 답을 찾지 못했을 뿐이다. 하지만 과학과 기술이 분자 단위까지 발달하고 있고, 더 많은 탐사와 발굴 또한 진행되고 있으므로 우리는 인류의 가계도에서 호모 날레디와 다른 종들의 매혹적인 문화를 알려줄 더 많은 증거를 확실히 확보할 것이다.

우리는 오랫동안 의사소통, 협력, 두려움과 신뢰 같은 감정의 사회적 통제를 인간만이 독점적으로 누리는 행동 특성이라 여겼다. 하지만 코끼리, 돌고래, 문어, 심지어 꿀벌까지 그런 행동을 한다는 증거가 보여주듯 우리가 경험한 날레디는 인간을 이런 특성 자체로 정의할 수 없음을 입증한다. 그렇다고 이런 특성의 중요성을 깎아내리려는 뜻은 아니다. 오히려 이런 특성이 인류에게 얼마나 중요한지 더욱 강조한다고 믿는다. 이런 행동은 오늘날 우리 모습에 고스란히 남아 있으며, 우리가 어디에서 비롯되었는지 말하는 이야기의 한 자락을 차지한다. 그러니 우리 세상의 남다른 복원력, 복잡성, 다양성을 찬양해야 한다. 고인류학 그리고 고고학과 역사학 같은 관련 분야의 목적은 우리가 어떻게 자연과 갈라져 고유한 존재가 되었는지를 알려주는 것이 아니다. 자연계의 경이로운 작동 방식을 밝히고, 우리 기원을 찾아내고, 우리를 조상들과 연결하는 것이다. 우리 조상은 우리의 진보를 제한하는 존재가 아닐뿐더러 오히려 무엇이 우리를 인간답게 하는지 이해하고 호모 사피엔스로서 존재하는 데 반드시 필요한 본질적이고 아름다운 면모를 간직하도록 돕는다.

날레디를 정의함으로써 우리는 인간을 정의할 수 있다.

에필로그

나는 종종 베드포드뷰에서 즐겨 가는 루프톱 바에 앉아 요하네스버그의 드넓고 푸른 경치를 바라보곤 한다. 12층 높이에서 바라보는 풍경은 그야말로 장관이다. 멀리 지역 발전소의 냉각탑 여덟 개가 하얀 수증기를 내뿜는다. 그 뒤로 대형 항공기가 O. R. 탐보국제공항에 착륙을 시도한다. 이 옥상은 이제 내가 즐겨 찾아 일하는 실내 겸 야외 사무실이 되었다.

이제 이곳에서 노트북을 열고 코펜하겐대학교의 공동 연구자 엔리코 카펠리니Enrico Cappellini, 알베르토 타우로치Alberto Taurozzi 그리고 팔레사 마두페Palesa Madupe와 통화하려 한다. 이들은 고대의 이빨과 뼈에서 추출한 단백질을 분석하는 새로운 분야인 고대단백질학paleoproteomics 전문가다. 단백질은 시간이 지나도 DNA보다 안정적이므로, 이 새로운 기술이 화석을 연구할 빠른 길을 열어준다. 엔리코는 스페인에서 발견된 호미닌 화석에서 단백질을 복원해 연대가 최소 78만 년 전이라는 것을 밝혀냈다. 78만 년 전이라니 놀라운 숫자다. 그런데 이 새로운 접근법을 이용하면 수백만 년 전 화석의 연대도 측정할 가능성이 열린다. 게다가 포유류의 X, Y 염색체가 이빨의 에나멜 단백질에도 나타날 수 있으니, 단백질 데이터를 이용하면 오래된 이빨 화석으로 성별 정보도 알아낼 수 있을 것이다.

나는 고대단백질학을 날레디와 세디바에 이용할 수 있기를 바랐다. 이 종들이 서로 어떤 시기에 살았는지 알려줄 정보라면 무엇이든 우리 연구에 유용할 것이다. 우리가 발견한 날레디 유골은 너무 많은 개체와 얽혀 있다. 이 모든 유골의 성별을 판단할 방법이 있다면 날레디 집단이 어떻게 구성되었고, 라이징 스타 동굴계를 어떻게 이용했는지 알려줄 귀중한 자료를 얻을 수 있을 것이다. 나는 이 공동 연구자들에게 다른 개체를 대표하는 세디바 이빨 두 개와 날레디 이빨 네 개를 보냈고, 이들이 알려줄 분석 결과를 목이 빠져라 기다리고 있다.

전화기 너머 엔리코가 소식을 전했다.

"단백질에서 매우 흥미로운 결과를 얻고 있습니다. 초기 샘플의 상아질에 콜라겐이 잘 보존되어 있더군요."

엄청난 소식이다. 콜라겐 상태가 좋다면 화석이 고대 단백질을 추출하는 정도를 넘어 분석으로 넘어가도 될 만큼 잘 보존되었다는 뜻일 수 있다.

"DNA를 추출할 만큼 보존 상태가 좋을 수 있다는 뜻인가요?"

"그럴 수 있을 것 같습니다."

엔리코가 긍정적인 답변을 전해왔다.

절로 미소가 지어졌다. 이제 시작이다. 벌써 눈앞에 다음 이야기가 펼쳐지고 있었다.

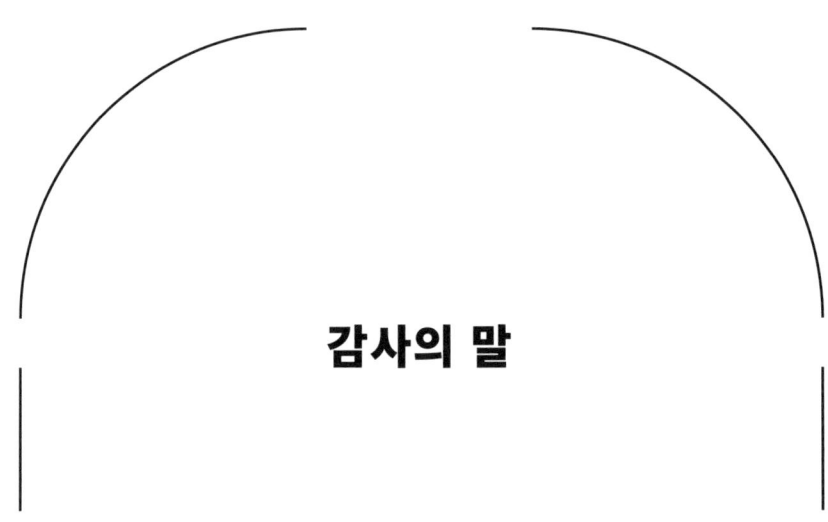

감사의 말

이 책은 지난 5년 동안 우리가 호모 날레디 세계와 라이징 스타 동굴계를 다양하게 탐사하고 실험실에서 분석하는 과정에서 차츰 발전했다. 그러므로 우리가 가장 크게 빚진 이는 목숨을 잃을 위험을 무릅쓰고 발견에 나서 준 여러 탐험가와 기술자다. 이들은 신체 능력의 한계를 뛰어넘는 도전에 나서 세상을 바꿀 만한 성과를 이뤘다. 그들에게 고마움을 전한다.

우리는 호모 날레디의 해부학적 구조, 생리, 환경을 함께 연구해 엄청난 양의 과학적 조사를 이뤄낸 100명이 넘는 과학자들과 학생들에게도 빚을 졌다. 이들의 통찰, 반론, 질문 덕분에 우리가 호기심과 편견 없는 사고를 유지할 수 있었다. 덧붙이자면, 이 책에 제시한 발견과 결과에 관한 의견 및 개인적 감상은 오로지 우리에게 책임이 있다.

자료를 찾고자 위험을 무릅쓰고 가장 어렵고 험난한 공간을 조사한 힐 곁굴 탐사단과 동료들은 특별히 언급하지 않을 수 없다. 릭 헌터, 스티브 터커, 마리나 엘리엇, 베카 페이소토, 린지 이브스 헌터, 해나 모리스, 엘렌 퓨어리걸, 얼리아 거토브, 더크 반루엔, 애슐리 크루거, 조이 로젠, 에릭 로버츠, 마로펭 라말레파, 테보고 마쿠벨라, 마타벨라 치코아네, 코리 야스콜스키, 케니 브로드, 케네일루 몰로퍄네, 캐런 워런, 앙하라드 브루워-질럼, 주바이르 진나, 새뮤얼 응크웨에게 고마움을 전한다. 대규모 탐사와 지도 제작, 안전, 현장 보안을 지원해준 남아프리카공화국 동굴탐험클럽speleological exploration club에도 고마움을 전한다. 이들이 탐사에 보여준 협조와 열정에 영원히 감사할 것이다.

　우리 지원 인력의 한결같은 도움 덕분에 사무실이 계속 굴러가고 현장 작업이 매끄럽게 이어졌다. 특별히 보니타 데클레르크, 저스틴 무칸쿠, 소냐 세케이라 그리고 라이징 스타 현장 지원 인력인 몰리 존슨, 새뮤얼 마키니타, 아이린 마포사, 피에트 맞쉬니세, 투멜로 몰레피안, 잔딜 은다바, 대니 미티의 노력에 고마움을 전한다. 현장 보안과 관리를 맡아준 기프트 오티넬라, 사메도 페트루스, 레라타 피리에게도 고마움을 전한다. 봉가니 응코시와 음두두지 냐룽가로 구성된 주물팀이 비트바테르스란트대학교에 상주해 값진 지원을 제공한 덕분에 날레디의 해부학적 구조를 연구하고 동료, 일반인과 소통할 고품질의 과학적 복제품을 만들 수 있었다. 크리스 콜링그리지는 위험을 무릅쓰고 디날레디 굴에 새겨진 기호의 사진을 찍었다.

　현장과 실험실에서 우리를 도와준 자원봉사자와 학생은 너무 많아 한 명 한 명 언급하기 어렵지만, 이들의 도움이 더해지지 않았다면 연구가 훨씬 어려웠을 것이다.

내셔널지오그래픽 출판사의 리사 토머스는 이 책을 구상할 때부터 우리를 지원했다. 리사는 열렬한 지지자이자 독자, 편집자다. 헌신적인 편집자 수전 히치콕과 타일러 다스윅은 지칠 줄 몰랐고 상당한 시간을 쏟아부어 이 책을 기록적으로 빨리 펴냈다. 놀라운 도움을 준 내셔널지오그래픽 미술 및 디자인팀의 사나 아카치, 리사 모니아스, 마이크 맥니, 제이슨 트리트, 엘리사 깁슨, 메러디스 윌콕스, 에이드리언 코클리에게도 고마움을 전한다.

우리 기증자, 후원자, 지지자들이 재정을 지원해주고 현장 접근을 허락해준 덕분에 이 책에서 설명한 탐사와 연구가 가능했다. 특히 라이다 힐과 내셔널지오그래픽협회 그리고 리버거재단 이사진인 마크 리드, 제임스 헤르소프, 제인 에번스, 재키 버거, 윌리엄 해슬틴에게 고마움을 전한다.

남아프리카공화국 국가유산청은 라이징 스타에서 과학 연구를 수행하고 화석을 이동시켜 표본을 만들 허가증을 발급한다. 이들의 꾸준한 지원에 감사한다.

우리가 마음껏 이 학술 연구를 추진하도록 해준 비트바테르스란트대학교, 위스콘신대학교 매디슨 캠퍼스에 대단히 감사한다. 비트바테르스란트대학교는 큐레이터도 지원해주었다. 연구 작업을 끊임없이 도와준 큐레이터 베른하르트 지펠과 시펠라니 지라에게 고마움을 전한다.

우리 가족들은 몇 주 동안 집을 비운 우리를 견뎌주었다. 재키는 리와 가까이에서 일하겠다는 이유만으로 고인류학 박사 학위를 받았고, 메건과 매슈는 라이징 스타에서 리의 현장 연구에 열렬히 참여했다. 이들의 지칠 줄 모르는 열렬한 지원과 참여, 과학을 향한 사랑이 없었다면 이 연구를 시작하지도 못했을 것이다. 존의 아내 그레첸과 아이들 소피, 루시, 새디, 굿윈도 놀라운 지지자였다. 이들은 자신들도 모르는 새 과학에 영감을 일으키는 훌륭한 통찰을 끊임없이 제공해주었다.

여러분 모두에게 감사하다. 탐사를 멈추지 말기를!

부록 1. 디날레디 굴에 들어간 사람들

명단은 출입 순서에 가깝다.

1. 닐 링달 Neil Ringdahl
2. 릭 헌터 Rick Hunter
3. 스티브 터커 Steve Tucker
4. 존 디키 John Dickie
5. 설리나 디키 Selena Dickie
6. 브루스 디키 Bruce Dickie
7. 매슈 디키 Matthew Dickie
8. 매슈 버거 Matthew Berger
9. 메건 버거 Megan Berger
10. 마리나 엘리엇 Marina Elliott
11. 베카 페이소토 Becca Peixotto
12. 린지 이브스 헌터 Lindsay Eaves Hunter
13. 해나 모리스 Hannah Morris
14. 엘런 포이어리겔 Elen Feuerriegel
15. 알리아 거토브 Alia Gurtov
16. 크리스토 사에이맨 Christo Saayman
17. 피터 서론 Pieter Theron
18. 앤드리 더시 Andre Doussy
19. 앨런 허위그 Allen Herweg
20. 마이클 허위그 Michael Herweg
21. 루퍼트 허위그 Rupert Stander
22. 린딘 마질리스 Lindin Mazilis
23. 더크 반루옌 Dirk van Rooyen
24. 애슐리 크루거 Ashley Kruger
25. 조이 로젠 Zoë Rosen
26. 개러스 버드 Garrreth Bird
27. 에릭 로버츠 Eric Roberts
28. 마로펭 라말레파 Maropeng Ramalepa
29. 엘리엇 로스 Elliott Ross
30. 테보고 마쿠벨라 Tebogo Makhubela
31. 마타벨라 치코아네 Mathabela Tsikoane
32. 리안 후고 Riaan Hugo
33. 코리 야스콜스키 Corey Jaskolski
34. 케니 브로드 Kenny Broad
35. 주안 루이스 아르수아가 Juan Luis Arsuaga
36. 이그나시오 마르티네스 멘디사발 Ignacio Martínez Mendizábal
37. 카를로스 로렌소 메리노 Carlos Lorenzo Merino
38. 롤프 쾀 Rolf Quam
39. 케네일루 몰로퍄네 Keneiloe Molopyane
40. 케린 워런 Kerryn Warren
41. 앙하라드 브루워-질럼 Angharad Brewer-Gillham
42. 레이먼드 메시타르-투즈 Raymond Messitar-Tooze
43. 주비아르 진나 Zubiar Jinnah
44. 새뮤얼 응크웨 Samuel Nkwe
45. 워런 스마트 Warren Smart
46. 리 버거 Lee Berger
47. 지니카 람사와크 Ginika Ramsawak
48. 세라 존슨 Sarah Johnson
49. 크리스 콜링그리지 Chris Collingridge

부록 2. 호모 날레디 발견 연표

	2013년
9월	릭 헌터와 스티브 터커가 디날레디 굴 발견
11월	첫 현장 조사 레세디 굴 발견
	2014년
2월	레세디 굴 탐사
5월	호모 날레디 설명과 명명을 위한 워크숍
	2015년
2월	레세디 굴 발굴 (2016년까지 간헐적 발굴)
9월	세상에 호모 날레디 발표 〈이라이프〉에 호모 날레디 연구 발표
	2016년
4월	학술회에서 호모 날레디의 해부학적 구조 발표
5월	호모 날레디의 계통 발생 연구 발표
7월	라이징 스타 동굴계 입구에 지휘 본부인 베이스캠프 설치
10월	레세디 굴의 화석 연구 다양한 시험 결과, 디날레디 굴의 연대가 예상보다 후기로 나옴
	2017년
3월	〈이라이프〉가 레세디 굴 연구와 디날레디 굴의 연대에 관한 논문 게재 승인
5월	레세디 굴과 네오를 세상에 발표하고 《올모스트 휴먼》 출간
7월	호모 날레디 해부학적 구조를 서술한 논문 발표
9월	힐 곁굴과 레세디 굴 조사 힐 곁굴과 디날레디 동굴군 명명 힐 곁굴에서 매장 가능성 있는 유구 및 레티멜라 머리뼈 발견

	2018년
3월	힐 곁굴에서 석고 재킷으로 매장 유구 발굴
5월	호모 날레디의 뇌 연구 발표
11월	디날레디 굴 탐사 디날레디 굴에서 매장 유구 발견
	2019년
1월	디날레디 굴과 힐 곁굴 전체를 라이다lidar와 사진 측량으로 조사
5월	레티멜라 머리뼈와 디날레디 아이 유골 연구 시작
10월	예술적으로 재구성한 네오 공개
	2020년
1월	힐 곁굴의 매장 유구 분할 완료
5월	연구실을 라이징 스타로 이전해 운영
	2021년
10월	레티멜라 연구를 세상에 공개
	2022년
1월	힐 곁굴과 디날레디 굴의 매장을 설명하는 연구 준비
3월	매장과 관련한 실험실 분석 완료
6월	프린스턴대학교에서 회의, 매장 관련 논문 마무리
7월	드래건스백 굴 탐사 리 버거가 디날레디 굴과 힐 곁굴로 내려감 라이징 스타 동굴계에서 불을 사용한 증거 발견 힐 곁굴에서 새김무늬 발견 라이징 스타 굴에서 난로 발견
8월	동료 평가를 위해 매장에 관한 연구 제출
12월	카네기연구소 강연에서 불 사용 발표

참고문헌

Bailey, S. E., et al. "The Deciduous Dentition of *Homo naledi*: A Comparative Study." *Journal of Human Evolution* 136 (2019): 102655.

Berger, L. R., and M. Aronson. *The Skull in the Rock: How a Scientist, a Boy, and Google Earth Opened a New Window on Human Origins*. National Geographic Books, 2012.

Berger, L. R., D. J. de Ruiter, S. E. Churchill, et al. "*Australopithecus sediba*: A New Species of Homo-like Australopith From South Africa." *Science* 328, no. 5975 (2010): 195–204.

Berger, L. R., and J. D. Hawks. *Almost Human: The Astonishing Tale of* Homo naledi *and the Discovery That Changed Our Human Story*. National Geographic Books, 2017.

Berger, L. R., J. D. Hawks, D. J. de Ruiter, et al. "*Homo naledi*, a New Species of the Genus *Homo* From the Dinaledi Chamber, South Africa." *eLife* 4 (2015): e09560.

Berger, L. R., J. D. Hawks, P. H. Dirks, et al. "*Homo naledi* and Pleistocene Hominin Evolution in Subequatorial Africa." *eLife* 6 (2017): e24234.

Berger, L. R., and B. Hilton-Barber. *In the Footsteps of Eve: The Mystery of Human Origins*. National Geographic Books, 2000.

Berthaume, M. A., L. K. Delezene, and K. Kupczik. "Dental Topography and the Diet of *Homo naledi*." *Journal of Human Evolution* 118 (2018): 14–26.

Bolter, D. R., and N. Cameron. "Utilizing Auxology to Understand Ontogeny of Extinct Hominins: A Case Study on *Homo naledi*." *American Journal of Physical Anthropology* 173, no. 2 (2020): 368–80.

Bolter, D. R., M. C. Elliott, et al. "Immature Remains and the First Partial Skeleton of a Juvenile *Homo naledi*, a Late Middle Pleistocene Hominin From South Africa." *PLOS One* 15, no. 4 (2020): e0230440.

Bower, B. "Pieces of *Homo naledi* Story Continue to Puzzle." *ScienceNews*, April 19, 2016.

Bowland, L. A., et al. "*Homo naledi* Pollical Metacarpal Shaft Morphology Is Distinctive and Intermediate Between That of Australopiths and Other Members of the Genus *Homo*." *Journal of Human Evolution* 158 (2021): 103048.

Brophy, J. K., et al. "Comparative Morphometric Analyses of the Deciduous Molars of *Homo naledi* From the Dinaledi Chamber, South Africa." *American Journal of Physical Anthropology* 174, no. 2 (2021): 299–314.

Brown, P., et al. "A New Small-Bodied Hominin From the Late Pleistocene of Flores, Indonesia." *Nature* 431, no. 7012 (2004): 1055–61.

Christie, G. P., and D. Yach. "Out of Africa: From *Homo naledi* to '*Homo cyborg*.'" *South African Journal of Science* 112, no. 1–2 (2016): 1.

Cofran, Z., C. VanSickle, et al. "The Immature *Homo naledi* Ilium From the Lesedi Chamber, Rising Star Cave, South Africa." *American Journal of Biological Anthropology* 179, no. 1 (2022): 3–17.

Cofran, Z., and C. S. Walker. "Dental Development in *Homo naledi*." *Biology Letters* 13, no. 8 (2017): 20170339.

Davies, T. W., et al. "Distinct Mandibular Premolar Crown Morphology in *Homo naledi* and Its Implications for the Evolution of *Homo* Species in Southern Africa." *Scientific Reports* 10, no. 1 (2020): 1–3.

de Ruiter, D. J., et al. "*Homo naledi* Cranial Remains From the Lesedi Chamber of the Rising Star Cave System, South Africa." *Journal of Human Evolution* 132 (2019): 1–4.

Dirks, P. H., L. R. Berger, et al. "Geological and Taphonomic Context for the New Hominin Species *Homo naledi* From the Dinaledi Chamber, South Africa." *eLife* 4 (2015): e09561.

Dirks, P. H., E. M. Roberts, et al. "The Age of *Homo naledi* and Associated Sediments in the Rising Star Cave, South Africa." *eLife* 6 (2017): e24231.

Durand, F. "*Naledi:* An Example of How Natural Phenomena Can Inspire Metaphysical Assumptions." *HTS: Theological Studies* 73, no. 3 (2017): 1–9.

Dusseldorp, G. L., and M. Lombard. "Constraining the Likely Technological Niches of Late Middle Pleistocene Hominins With *Homo naledi* as Case Study." *Journal of Archaeological Method and Theory* 28, no. 1 (2021): 11–52.

Elliott, M. C., et al. "Description and Analysis of Three *Homo naledi* Incudes From the Dinaledi Chamber, Rising Star Cave (South Africa)." *Journal of Human Evolution* 122 (2018): 146–55.

Feuerriegel, E. M., D. J. Green, et al. "The Upper Limb of *Homo naledi*." *Journal of Human Evolution* 104 (2017): 155–73.

Feuerriegel, E. M., J. L. Voisin, et al. "Upper Limb Fossils of *Homo naledi* From the Lesedi

Chamber, Rising Star System, South Africa." *Paleo Anthropology*, 2019: 311-49.

Friedl, L., et al. "Femoral Neck and Shaft Structure in *Homo naledi* From the Dinaledi Chamber (Rising Star System, South Africa)." *Journal of Human Evolution* 133 (2019): 61-77.

Garvin, H. M., et al. "Body Size, Brain Size, and Sexual Dimorphism in *Homo naledi* From the Dinaledi Chamber." *Journal of Human Evolution* 111 (2017): 119-38.

Guatelli-Steinberg, D., et al. "Patterns of Lateral Enamel Growth in *Homo naledi* as Assessed Through Perikymata Distribution and Number." *Journal of Human Evolution* 121 (2018): 40-54.

Harcourt-Smith, W. E., et al. "The Foot of *Homo naledi*." *Nature Communications* 6, no. 1 (2015): 1-8.

Hawks, J. "The Latest on *Homo naledi:* A Recent Addition to the Human Family Tree Doesn't Fit in Clearly Yet." *American Scientist* 104, no. 4 (2016): 198-201.

Hawks, J., and L. R. Berger. "The Impact of a Date for Understanding the Importance of *Homo naledi*." *Transactions of the Royal Society of South Africa* 71, no. 2 (2016): 125-28.

Hawks, J., M. Elliott, et al. "New Fossil Remains of *Homo naledi* From the Lesedi Chamber, South Africa." *eLife* 6 (2017): 6.

Herce, R. "Is *Homo naledi* Going to Challenge Our Presuppositions on Human Uniqueness?" In *Issues in Science and Theology: Are We Special?*, edited by M. Fuller et al., 99-106. Springer, 2017.

Holloway, R. L., et al. "Endocast Morphology of *Homo naledi* From the Dinaledi Chamber, South Africa." *Proceedings of the National Academy of Sciences* 115, no. 22 (2018): 5738-43.

Irish, J. D., S. E. Bailey, et al. "Ancient Teeth, Phenetic Affinities, and African Hominins: Another Look at Where *Homo naledi* Fits In." *Journal of Human Evolution* 122 (2018): 108-23.

Irish, J. D., and M. Grabowski. "Relative Tooth Size, Bayesian Inference, and *Homo naledi*." *American Journal of Physical Anthropology* 176, no. 2 (2021): 262-82.

Kivell, T. L., et al. "The Hand of *Homo naledi*." *Nature Communications* 6, no. 1 (2015): 1-9.

Kruger, A., and S. Badenhorst. "Remains of a Barn Owl *(Tyto alba)* From the Dinaledi Chamber, Rising Star Cave, South Africa." *South African Journal of Science* 114, no. 11-12 (2018): 1-5.

Kupczik, K., L. K. Delezene, and M. M. Skinner. "Mandibular Molar Root and Pulp Cavity Morphology in *Homo naledi* and Other Plio-Pleistocene Hominins." *Journal of Human Evolution* 130 (2019): 83-95.

Laird, M. F., et al. "The Skull of *Homo naledi*." *Journal of Human Evolution* 104 (2017): 100-123.

Langdon, J. H. "Case Study 16: Democratizing *Homo naledi*: A New Model for Fossil Hominin Studies." In *The Science of Human Evolution*, 123-32. Springer, 2016.

Lents, N. H. "Paleoanthropology Wars: The Discovery of *Homo naledi* Has Generated Considerable Controversy in This Scientific Discipline." *Skeptic* 21, no. 2 (2016): 8-12.

Marchi, D., et al. "The Thigh and Leg of *Homo naledi*." *Journal of Human Evolution* 104 (2017): 174-204.

Morwood, M. J., P. Brown, et al. "Further Evidence for Small-Bodied Hominins From the Late Pleistocene of Flores, Indonesia." *Nature* 437, no. 7061 (2005): 1012-17.

Morwood, M. J., R. P. Soejono, et al. "Archaeology and Age of a New Hominin From Flores in Eastern Indonesia." *Nature* 431, no. 7012 (2004): 1087-91.

Nilsson Stutz, L. "Embodied Rituals and Ritualized Bodies: Tracing Ritual Practices in Late Mesolithic Burials." *Acta Archaeologica Lundensia* 46 (2003).

Odes, E. J., et al. "A Case of Benign Osteogenic Tumour in *Homo naledi*: Evidence for Peripheral Osteoma in the UW 101-1142 Mandible." *International Journal of Paleopathology* 21 (2018): 47-55.

Pettitt, P. "Did *Homo naledi* Dispose of Their Dead in the Rising Star Cave System?" *South African Journal of Science* 118, no. 11-12 (2022).

Randolph-Quinney, P. S. "The Mournful Ape: Conflating Expression and Meaning in the Mortuary Behaviour of *Homo naledi*." *South African Journal of Science* 111, no. 11-12 (2015): 1-5.

Randolph-Quinney, P. S., et al. "Response to Thackeray (2016)—The Possibility of Lichen Growth on Bones of *Homo naledi*: Were They Exposed to Light?" *South African Journal of Science* 112, no. 9-10 (2016): 1-5.

Robbins, J. L., et al. "Providing Context to the *Homo naledi* Fossils: Constraints From Flowstones on the Age of Sediment Deposits in Rising Star Cave, South Africa." *Chemical Geology* 567 (2021): 120108.

Schroeder, L., et al. "Skull Diversity in the *Homo* Lineage and the Relative Position of *Homo naledi*." *Journal of Human Evolution* 104 (2017): 124–35.

Skinner, M. F. "Developmental Stress in South African Hominins: Comparison of Recurrent Enamel Hypoplasias in *Australopithecus africanus* and *Homo naledi*." *South African Journal of Science* 115, no. 5–6 (2019).

Stringer, C. "Human Evolution: The Many Mysteries of *Homo naledi*." *eLife* 4 (2015): e10627.

Thackeray, F. J. "Estimating the Age and Affinities of *Homo naledi*." *South African Journal of Science* 111, no. 11–12 (2015): 1–2.

Tönsing, D. L. "Homo Faber or Homo Credente? What Defines Humans, and What Could *Homo naledi* Contribute to This Debate?" *HTS Theological Studies* 73, no. 3 (2017): 1–4.

Towle, I., J. D. Irish, and I. De Groote. "Behavioral Inferences From the High Levels of Dental Chipping in *Homo naledi*." *American Journal of Physical Anthropology* 164, no. 1 (2017): 184–92.

Traynor, S., M. Banghart, and Z. Throckmorton. "Metatarsophalangeal Proportions of *Homo naledi*." *South African Journal of Science* 115, no. 5–6 (2019): 1–8.

Traynor, S., D. J. Green, and J. Hawks. "The Relative Limb Size of *Homo naledi*." *Journal of Human Evolution* 170 (2022): 103235.

Ungar, P. S., and L. R. Berger. "Brief Communication: Dental Microwear and Diet of *Homo naledi*." *American Journal of Physical Anthropology* 166, no. 1 (2018): 228–35.

VanSickle, C., et al. "*Homo naledi* Pelvic Remains From the Dinaledi Chamber, South Africa." *Journal of Human Evolution* 125 (2018): 122–36.

Walker, C. S., et al. "Morphology of the *Homo naledi* Femora From Lesedi." *American Journal of Physical Anthropology* 170, no. 1 (2019): 5–23.

Williams, S., et al. "The Vertebrae and Ribs of *Homo naledi*." *Journal of Human Evolution* 30, no. 1 (2016): e19.

Williams, S., et al. "The Vertebrae and Ribs of *Homo naledi*." *Journal of Human Evolution* 104 (2017): 136–54.

Wong, K. "Debate Erupts Over Strange New Species: Skeptic Challenges Notion That Small-Brained *Homo naledi* Deliberately Disposed of Its Dead." *Scientific American*, April 8, 2016.

그림 출처

아래에 따로 명시되지 않은 도판의 경우, 저작권은 모두 리 버거에게 있습니다.

30쪽	Private Collection/Photo ⓒ Leonard de Selva/Bridgeman Images
31쪽	Private Collection/Photo ⓒ Leonard de Selva/Bridgeman Images
34쪽	courtesy of John Hawks
36쪽	courtesy of John Hawks
38쪽	courtesy of John Hawks
39쪽	courtesy of John Hawks
45쪽	courtesy of John Hawks
58쪽	courtesy of John Hawks
60쪽	courtesy of John Hawks
61쪽	courtesy of John Hawks
64쪽	Stefan Fichtel/National Geographic Image Collection
68쪽	sculpture by John Gurche, photo by Mark Thiessen, NGP
72쪽	Jon Foster/National Geographic Image Collection
86쪽	courtesy of John Hawks
93쪽	courtesy of John Hawks
111쪽	courtesy of John Hawks
113쪽	Robert Clark/National Geographic Image Collection
114쪽	Robert Clark/National Geographic Image Collection
115쪽	sculpture by John Gurche, photo by Mark Thiessen, NGP
117쪽(아래)	Elliot Ross/National Geographic Image Collection
118쪽(위)	John Gurche/National Geographic Image Collection
118쪽(아래)	Stefan Fichtel/ National Geographic Image Collection
119쪽	Stefan Fichtel/ National Geographic Image Collection
120쪽(위)	Daniel Born/GreatStock/Science Photo Library
120쪽(아래)	Rachelle Keeling

색인

ㄱ

각력암 21, 53, 92, 155~157
고고학 49, 57, 94, 104, 151, 258, 259
고고학자 109, 138, 145, 237, 240, 249, 256
고램 동굴 125, 230, 234, 255
고릴라 32, 34, 44, 52, 258
고생인류 10, 11, 25, 29, 31, 33, 35, 42, 48, 49, 59, 63, 70, 80, 86, 94, 119, 252~254
고인류학자 10, 11, 25, 27, 28, 30, 33, 35, 37, 46, 48, 53, 55, 65, 72, 94, 112, 136, 137, 158, 166, 173, 194, 196, 246, 259
공통 조상 32, 40, 257
그을음 126, 174, 208, 237, 244, 245, 254

ㄴ

난로 126, 247~250, 253, 254, 270
날레디 문화 240, 250, 256
남아프리카공화국 11, 18, 19, 33, 34, 44, 46, 53, 55, 59, 67, 120, 144
네안데르탈인 25, 29, 39, 45, 48~51, 69, 108, 125, 138, 146, 230, 234, 237, 255
네오 92~94, 111, 269, 270
뇌 24, 33, 35, 43~48, 50, 51, 54, 64~66, 69, 94, 109, 118, 135~138, 151, 202, 203, 234, 236, 238, 252~254, 258, 270

ㄷ

도구 43, 45, 46, 49, 65, 73, 85, 92, 107, 118, 119, 133, 135~138, 142~145, 159, 191, 211, 238, 246, 249, 252, 254
돌멩이 133, 134, 136, 137, 142~145
돌무더기 126, 246~249, 253, 254
드래건스백 굴 23, 76, 77, 85, 95, 103, 116, 117, 121~123, 127, 154~162, 170~172, 174, 175, 191, 224, 229, 236, 237, 240~244, 249, 270
디날레디 굴 9~12, 19, 23, 26, 56, 62, 66, 67, 69, 71, 73, 75, 76, 78, 79, 84, 85, 87, 92, 94~98, 103~105, 107~111, 114, 120, 122~126, 128, 130, 131, 139~142, 147, 148, 151~160, 162, 163, 165, 167, 168, 170, 172, 176~178, 180, 184, 185, 187, 188, 190~194, 196, 197, 201~209, 216, 221, 223~225, 229~231, 233, 236, 237, 239~244, 249, 250, 254, 255, 265, 269, 270
디날레디 동굴군 155, 207, 240, 269

ㄹ

라이징 스타 굴 23, 126, 241~245, 248~250, 270
라이징 스타 동굴계 10, 18, 19, 22, 23, 26, 27, 31, 44, 50, 51, 53, 56~58, 66, 68, 69, 74, 75, 78, 91, 92, 94, 96, 98, 100, 104, 106, 108~110, 113, 122, 136, 138, 143, 146, 148, 159, 161, 168, 174, 184, 205, 229, 233, 234, 238~241, 247, 249, 251, 252, 255, 256, 262, 264, 266, 269, 270
랜딩존 95~98
레세디 굴 23, 80, 83, 85~87, 90~94, 110, 111, 158, 243, 249, 269
루시 35, 36, 54, 118

ㅁ

말라파 18, 44, 53, 55, 113
망자 139, 151, 203, 253, 256
망자 안치식 69, 94, 256, 258
매장 69, 79, 94, 101, 108, 111, 133, 137~142, 145~147, 156, 201, 253, 254, 256, 270
매장 유구 106, 109, 124, 206, 270
매장 의식 108, 254
매장지 109~111, 132, 134, 136, 137, 139, 140, 142, 146, 158, 201, 203, 204, 206, 207, 241, 254
머리뼈 33~35, 37, 42, 45, 46, 48, 51, 54, 57, 59, 62, 64, 65, 68, 79, 80, 83, 85~88, 90, 99, 111, 119, 120, 126, 132, 140, 207, 246, 269, 270
몰로퀘네, 케네일루 104, 106, 109, 121, 139, 140, 142, 154, 157, 159, 163, 165, 170~172, 174, 175, 188, 224, 236~240, 265, 268
문화 73, 235, 240, 248, 250, 252, 254, 256~259

ㅂ

반루엔, 더크 116, 117, 165, 170, 172, 176, 177, 180~183, 185, 187, 192, 199, 200, 208, 218, 242~244, 246, 265
백운석회암 20, 21, 53, 199
백운암 20~22, 74, 77, 143, 172, 191, 199, 211
보노보 11, 32, 40, 41, 52, 138
불 24, 49, 69, 73, 80, 138, 173, 174, 208, 209, 217, 232, 236~238, 240, 242, 244~247, 249, 253, 254, 270
불구덩이 237, 244

ㅅ

새김무늬 125, 199~204, 209, 210, 212, 215, 231, 233, 234, 242, 253~256, 270
석기 24, 45~47, 134~137, 144, 203, 249

석회암 22, 74, 75, 208, 209
세소토어 66, 80, 91, 93
송곳니 34, 41, 65
숯 79, 80, 236, 244~246, 254
슈퍼맨스 크롤 76, 122, 152, 171
스카이라이트 굴 23, 75, 79, 83, 84, 104, 113, 243
스퀴즈 75, 76, 78, 84, 102, 152, 161, 180~183, 185, 187, 217, 221, 242, 244
스테르크폰테인 18, 33, 56, 92

ㅇ

아르디피테쿠스 라미두스 38, 41, 42
암각화 147, 201, 255
어금니 34, 35, 41, 44, 59
업사이드다운 턴어라운드 23, 242
에티오피아 34~37, 41, 44, 46
영장류 31, 32, 40~42, 63, 64, 138, 145, 159
오스트랄로피테신 24, 55, 66, 119, 136
오스트랄로피테쿠스 34, 40~44, 46, 47, 54, 55, 59, 63, 65, 118
오스트랄로피테쿠스 세디바 39, 44~46, 54, 55, 57, 65, 113, 158, 251, 262
오스트랄로피테쿠스 아나멘시스 35, 38, 41
오스트랄로피테쿠스 아파렌시스 34~38, 41, 44, 45, 118
오스트랄로피테쿠스 아프리카누스 29, 33~35, 37, 38, 44, 45, 46, 92
오스트랄로피테쿠스속 24, 33, 34, 45, 54
유골 10, 24, 47, 54, 55, 57, 59, 62, 63, 68, 86~88, 92, 94, 95, 99, 100, 102~104, 108~112, 129~133, 136, 137, 139~145, 156, 191, 207, 241, 251, 262, 270
유구 106, 109, 111, 124, 140~142, 206, 207, 269, 270
유네스코 세계유산 18, 19
유인원 29, 30, 32, 34, 35, 41, 42, 52, 55, 66, 115, 119
인류의 기원 10, 18, 29, 151
인류의 요람 18, 19, 56, 62, 91, 113

ㅈ

작은어금니 34, 41, 44
재 173, 209, 244~247
종유석 20~22, 26, 77, 85, 191, 194, 206, 208, 243, 244
죽음 24, 25, 27, 69, 108, 109, 146
직립 보행 42, 44
진보의 행진 29, 30, 42, 237, 257

ㅊ

처트 20~22, 74~77, 143, 191, 211
침팬지 11, 32, 34, 40, 41, 52, 66, 94, 135, 138, 151, 234, 258

ㅌ

타웅 아이 33, 34
태아 자세 130, 141
터커, 스티브 55~57, 59, 79, 80, 83~85, 88, 90, 96, 97, 158, 183, 202, 269
턱뼈 35, 37, 44, 46, 54, 57~59, 62, 105, 127, 155

ㅍ

파란트로푸스 로부스투스 39, 44, 46, 59
파란트로푸스 보이세이 39, 44, 136
파란트로푸스속 24, 44, 45
표지 147, 195~197, 199, 202~204, 234, 235
푸엔테스, 아거스틴 116, 145, 146, 159, 161, 164, 167~169, 232~234, 255

ㅎ

헌터, 릭 55, 56, 79, 80, 83~85, 88~90, 96, 158, 183, 202, 269
현생인류 11, 29, 30, 34, 45, 47, 49, 50, 63, 64, 69, 119, 251, 255, 256, 258
호모 날레디 11, 28, 39, 43, 45, 51, 60, 61, 64, 66~73, 79, 80, 86~88, 91, 92, 94, 98, 99, 108~111, 114, 115, 118, 120, 122, 130, 133, 136~140, 145~147, 155~159, 174, 175, 184~186, 191~193, 201, 203, 206~209, 212, 214, 216, 217, 221, 229, 232~235, 237~241, 245, 247, 249~262, 269, 270
호모 루돌펜시스 39, 45, 46
호모 사피엔스 25, 29, 39, 48, 50, 51, 72, 108, 122, 123, 203, 235, 250, 252, 257, 258, 260
호모 안테세소르 39, 45, 48, 49
호모 에렉투스 24, 29, 39, 45~51, 54, 59, 65, 67, 118, 136, 174, 202, 237, 238
호모 플로레시엔시스 39, 45, 47
호모 하빌리스 39, 45~47, 54, 65, 136
호모속(사람속) 11, 42~46, 54, 55, 63, 65, 66, 92, 119, 137, 256
호미닌 10, 11, 18, 19, 24, 25, 27, 32~35, 37, 38, 40~43, 45, 47, 48, 51~54, 57, 59, 62~66, 68, 69, 71, 79, 91, 92, 94, 98, 118, 127, 135, 136, 138, 145, 146, 174, 237, 238, 241, 246, 249, 250, 252, 253, 262
호크스, 존 28, 52, 83, 112, 116, 129~133, 143, 146, 154, 157, 158, 161, 164~167, 169, 171, 172, 224, 232~234, 239, 242
화석인류 30~32, 40~42
힐 곁굴 23, 98~101, 104, 105, 110, 111, 117, 122, 123, 129, 132, 136, 139, 144, 147, 155, 156, 185, 190~193, 196, 197, 202~204, 207, 209, 215, 216, 218, 221, 233, 241, 265, 269, 270

케이브 오브 본즈
호모 날레디, 인류 진화사를 뒤흔든 신인류의 발견과 다시 읽는 인류의 기원

초판 1쇄 발행 2025년 7월 31일

지은이 리 버거, 존 호크스
옮긴이 김정아

발행인 정동훈
편집인 여영아
편집국장 최유성
책임편집 김지용
편집 양정희 김혜정 조은별
마케팅 정현우
디자인 스튜디오 글리

발행처 (주)학산문화사
등록 1995년 7월 1일
등록번호 제3-632호
주소 서울특별시 동작구 상도로 282
전화 편집 02-828-8833　마케팅 02-828-8801
인스타그램 @allez_pub

ISBN 979-11-411-6842-1 (03470)

값은 뒤표지에 있습니다.
알레는 (주)학산문화사의 단행본 임프린트 브랜드입니다.

> 알레는 독자 여러분의 소중한 아이디어와 원고를 기다리고 있습니다. 도서 출간을 원하실 경우 allez@haksanpub.co.kr로 간단한 개요와 취지, 연락처 등을 보내주세요.